6.-10. Schuljahr

Sebastian Freudenberger

AF558245

PHYSIK im Alltag

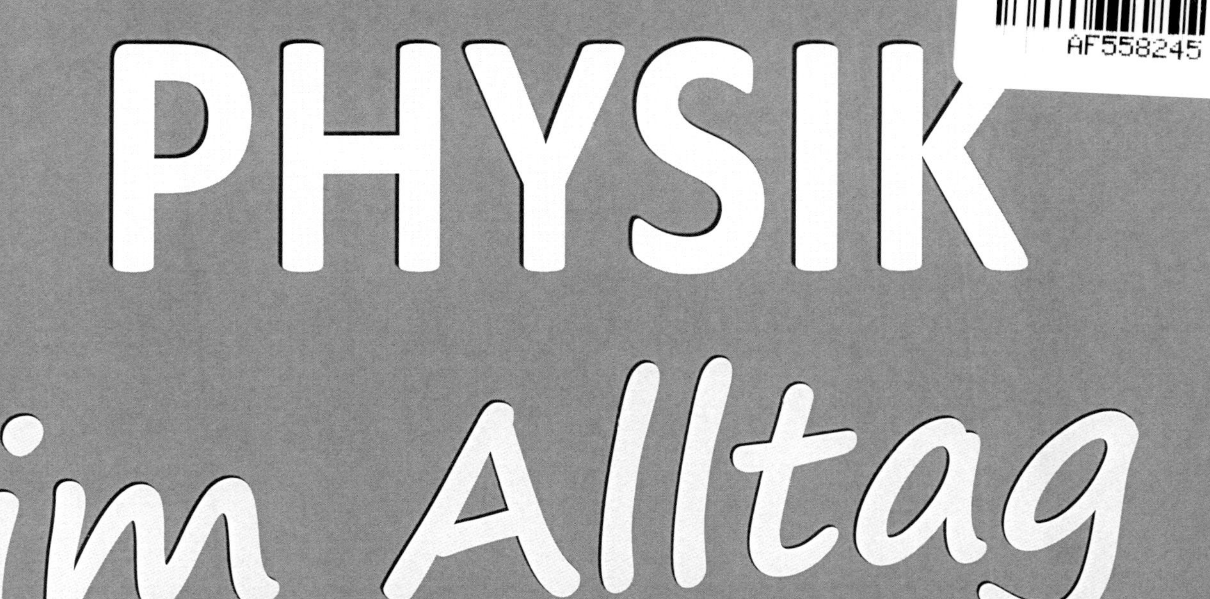

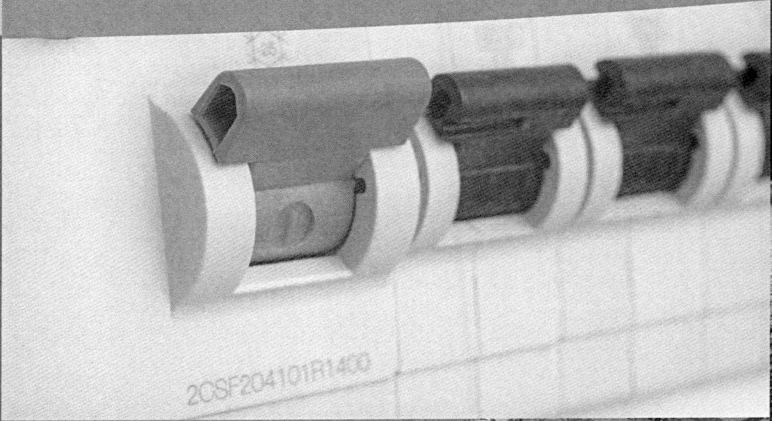

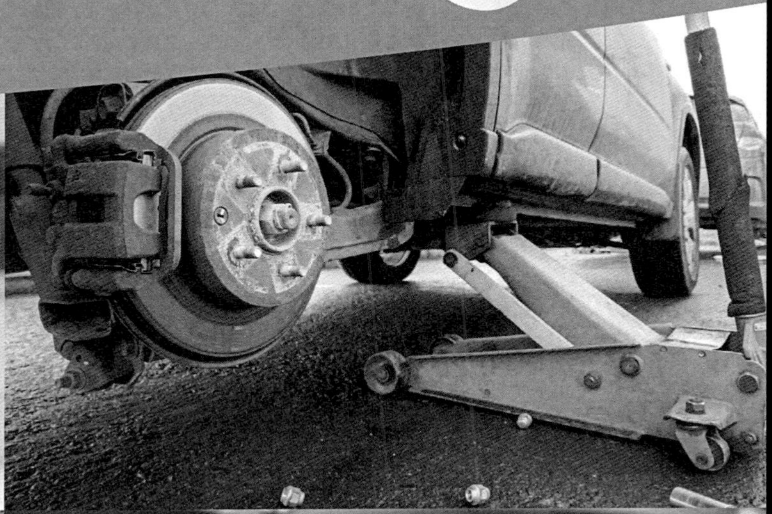

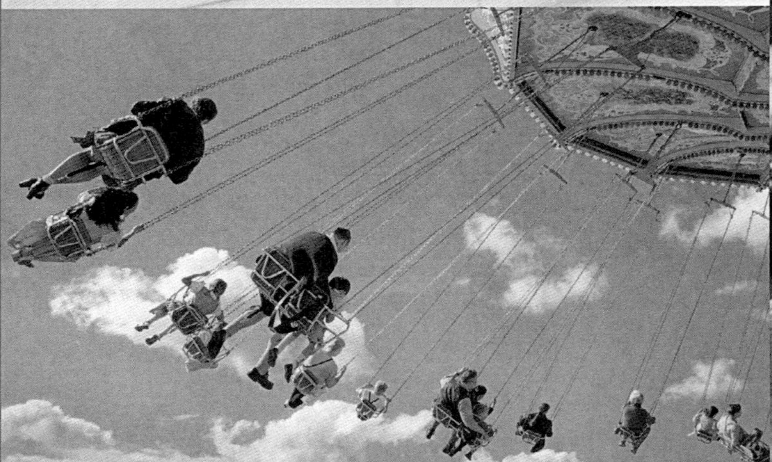

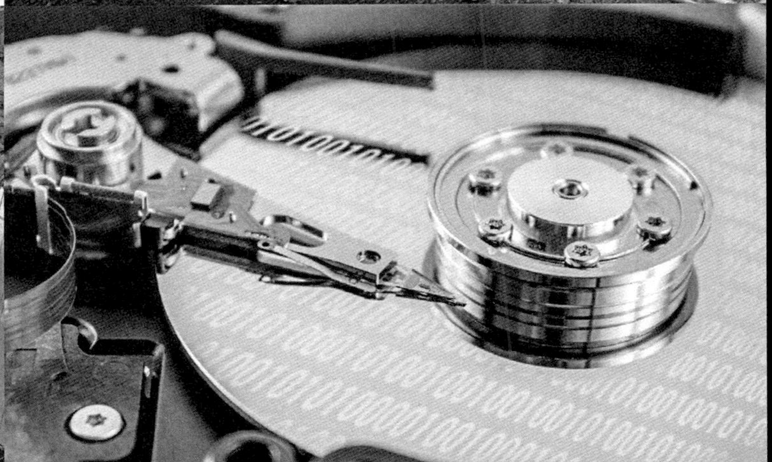

Täglich Naturwissen-schaften erfahren

www.kohlverlag.de

Physik im Alltag

Täglich Naturwissenschaften erfahren

2. Auflage 2022

© Kohl-Verlag, Kerpen 2017
Alle Rechte vorbehalten.

Inhalt: Sebastian Freudenberger
Umschlagbild: © bluedesign, jasminzejnic, LightingKreative & eugenesergeev - fotolia.com
Grafik & Satz: Eva-Maria Noack & Kohl-Verlag
Druck: Druckhaus DOC GmbH, Kerpen
Bildnachweis:

Seite 6: © Maxxl2 - wikimedia.org (8x), © Maksym Yemelyanov - AdobeStock.com, **Seite 7**: © wikimedia.org (8x), © Maksym Yemelyanov - AdobeStock.com, **Seite 8**: © Maxxl2 - wikimedia.org (8x), © Maksym Yemelyanov - AdobeStock.com, **Seite 9**: © Maksym Yemelyanov - AdobeStock.com, © geargodz - AdobeStock.com, © clipart.com, **Seite 10**: © gilitukha - AdobeStock, © Maxxl2 - wikimedia.org, © Angelaravaioli - AdobeStock, © clipart.com, **Seite 11**: © Maxxl2 - wikimedia.org, © Maksym Yemelyanov - AdobeStock.com, © clipart.com, **Seite 12**: © Maxxl2 - wikimedia.org, © Angelaravaioli - AdobeStock, © clipart.com, **Seite 13**: © Florian Speaker - AdobeStock, © Maksym Yemelyanov - AdobeStock.com, © clipart.com, **Seite 14**: © Maxxl2 - wikimedia.org, © Angelaravaioli - AdobeStock, © Maksym Yemelyanov - AdobeStock.com, © clipart.com, **Seite 15**: © artfocus - AdobeStock, © Maxxl2 - wikimedia.org, © Maksym Yemelyanov - AdobeStock.com, © clipart.com, **Seite 16**: © Maxxl2 - wikimedia.org, © Angelaravaioli - AdobeStock, © Maksym Yemelyanov - AdobeStock.com, © clipart.com, **Seite 17**: © Maxxl2 - wikimedia.org, © Angelaravaioli - AdobeStock, © clipart.com, **Seite 18**: © Angelaravaioli - AdobeStock, © Maksym Yemelyanov - AdobeStock.com, © clipart.com, **Seite 19**: © Angelaravaioli - AdobeStock, © Maksym Yemelyanov - AdobeStock.com, © clipart.com, **Seite 20**: © gabbiere - AdobeStock, © clipart.com, **Seite 21**: © O.Farion - AdobeStock, © clipart.com, **Seite 22**: © yifanjrb - AdobeStock, © clipart.com, **Seite 23**: © clipart.com, © weissdesign - AdobeStock.com, **Seite 24**: © weissdesign - AdobeStock.com, © clipart.com, © Christian Jung - AdobeStock.com, © greenpapillon - AdobeStock.com, © Lukas Sembera (bearbeitet) - AdobeStock.com, **Seite 25**: © Maksym Yemelyanov - AdobeStock.com, © clipart.com, **Seite 26**: © L.Bouvier - AdobeStock.com, © Angelaravaioli - AdobeStock, © clipart.com, **Seite 27**: © Gudellaphoto - AdobeStock, © Cobalt - AdobeStock.com, © jeffy1139 - AdobeStock.com, © Szasz-Fabian Jozsef - AdobeStock.com, © Maxxl2 - wikimedia.org, © clipart.com, **Seite 28**: © uwimages - AdobeStock, © Androm - AdobeStock, © Angelaravaioli - AdobeStock, © clipart.com, **Seite 29**: © Maxxl2 - wikimedia.org, © clipart.com, **Seite 30/31**: © Angelaravaioli - AdobeStock, © clipart.com, **Seite 32**: © Angelaravaioli - AdobeStock, © clipart.com, **Seite 33**: © Maxxl2 - wikimedia.org, © Angelaravaioli - AdobeStock, © clipart.com, **Seite 34**: © clipart.com, **Seite 35**: © Thaut Images - AdobeStock.com, © Angelaravaioli - AdobeStock, © Peter Hermes Furian - AdobeStock, © clipart.com, **Seite 36**: © Angelaravaioli - AdobeStock, © clipart.com, **Seite 37**: © Maxxl2 - wikimedia.org, © clipart.com, **Seite 38**: © clipart.com, **Seite 39**: © Maxxl2 - wikimedia.org, © clipart.com, **Seite 40**: © Dan Race - AdobeStock, © Maxxl2 - wikimedia.org, © Maksym Yemelyanov - AdobeStock.com, © clipart.com, **Seite 41/42**: © clipart.com, **Seite 43**: © Angelaravaioli - AdobeStock, © clipart.com, © doethion - AdobeStock (bearbeitet), **Seite 44**: © clipart.com, © doethion - AdobeStock (bearbeitet), **Seite 45**: © Maxxl2 - wikimedia.org, © clipart.com, **Seite 46**: © clipart.com, **Seite 47**: © oliver-marc steffen - AdobeStock, © Maksym Yemelyanov - AdobeStock.com, © clipart.com, **Seite 48**: © wikimedia.org, © Maksym Yemelyanov - AdobeStock.com, © clipart.com, **Seite 49**: © Maxxl2 - wikimedia.org, © clipart.com, **Seite 50**: © Angelaravaioli - AdobeStock, © clipart.com, © Elena - AdobeStock, © rdnzl - AdobeStock, © Friedberg - AdobeStock, **Seite 51**: © Angelaravaioli - AdobeStock, © Maksym Yemelyanov - AdobeStock.com, © clipart.com, **Seite 52**: © alcatrax1981 - AdobeStock, © Angelaravaioli - AdobeStock, © clipart.com, **Seite 53**: © aussieanouk - AdobeStock, © Algont - wikimedia.org, © Angelaravaioli - AdobeStock, © clipart.com, **Seite 70**: © Elena - AdobeStock, © rdnzl - AdobeStock, © Friedberg - AdobeStock; alle anderen: **Sebastian Freudenberger**

Bestell-Nr. 11 912

ISBN: 978-3-96040-039-4

Das vorliegende Werk und seine Teile sind urheberrechtlich geschützt. Jede Nutzung in anderen als den gesetzlich zugelassenen Fällen bedarf der vorherigen schriftlichen Einwilligung des Verlages. Hinweis zu § 52a UrhG: Weder das Werk noch seine Teile dürfen ohne eine solche Einwilligung eingescannt und in ein Netzwerk oder das Internet eingestellt werden. Dies gilt auch für Intranets von Schulen und sonstigen Bildungseinrichtungen.

Der vorliegende Band ist eine Print-Einzellizenz

Sie wollen unsere Kopiervorlagen auch digital nutzen? Kein Problem – fast das gesamte KOHL-Sortiment ist auch sofort als PDF-Download erhältlich! Wir haben verschiedene Lizenzmodelle zur Auswahl:

	Print-Version	PDF-Einzellizenz	PDF-Schullizenz	Kombipaket Print & PDF-Einzellizenz	Kombipaket Print & PDF-Schullizenz
Unbefristete Nutzung der Materialien	x	x	x	x	x
Vervielfältigung, Weitergabe und Einsatz der Materialien im eigenen Unterricht	x	x	x	x	x
Nutzung der Materialien durch alle Lehrkräfte des Kollegiums an der lizensierten Schule			x		x
Einstellen des Materials im Intranet oder Schulserver der Institution			x		x

Die erweiterten Lizenzmodelle zu diesem Titel sind jederzeit im Online-Shop unter www.kohlverlag.de erhältlich.

Inhalt

Inhalt

KOHL VERLAG PHYSIK IM ALLTAG Täglich Naturwissenschaften erfahren – Bestell-Nr. 11 912

Vorwort

Täglich Naturwissenschaften erfahren

Die Physik begegnet uns täglich in unserem Leben: Vom Klingeln des Weckers am Morgen bis zum Anblick des Sternenhimmels in der Nacht, ob an einem zugefrorenen See im kalten Winter oder mitten in einem Sommergewitter: Physik umgibt uns stets und wirkt auf uns ein ... doch häufig sind wir uns dessen nicht bewusst.

Die Inhalte dieses Buches sollen die Schülerinnen und Schüler für die Vorgänge des alltäglichen Lebens um uns herum interessieren und sie gleichzeitig dafür sensibilisieren. Die einzelnen Kopiervorlagen des Buches dienen dazu, den alltäglichen Unterricht aufzulockern und zu bereichern und einen Bezug zum Leben der Schülerinnen und Schüler herzustellen. Denn nur, wenn wir neu Gelerntes mit unseren alltäglichen Erfahrungen verbinden können, entsteht dadurch nachhaltiges Wissen.

Durch spannende Versuche werden die Lernenden in die Lage versetzt, Erlebnisse des alltäglichen Lebens erklären zu können. Mithilfe der Aufgabenstellungen auf den Arbeitsblättern erarbeiten sich die Lernenden die physikalischen Grundlagen, die sich hinter den jeweiligen Versuchen verstecken. Darüber hinaus bieten die Arbeitsblätter Anlass, das neue Wissen zu verallgemeinern und auf tägliche Lebenssituationen anzuwenden.

Die Arbeitsblätter sind zumeist so gestaltet, dass sie die Lernenden gezielt dazu anregen, im Internet nach Informationen und ggf. Erklärungen für die Versuche zu recherchieren. Auf diese Weise sollen sie zu einer sinnvollen Arbeit mit den „neuen" Informations- und Kommunikationstechnologien (IuK) angeregt werden. Dies setzt voraus, dass die Lehrkraft beispielsweise Smartphones zum Arbeiten im Unterricht zulässt.
In diesem Zusammenhang sei darauf hingewiesen, dass es bei allen Formen der Internetrecherche wichtig ist, gemeinsam mit der Klasse die gefundenen Ergebnisse zu überprüfen und den Wahrheitsgehalt und die Verlässlichkeit einer Quelle im Internet zu klären.
Die Webseite *www.hurraki.de* benutzt eine einfachere Sprache als Wikipedia. Gerade für Schülerinnen und Schüler mit Förderbedarf oder geringen Deutschkenntnissen kann dies hilfreich sein.

Ein Teil der in diesem Buch vorgestellten Experimente kann aufgrund des Gefährdungspotentials nur als Demonstrationsexperiment durch die Lehrkraft vorgeführt werden – nicht von den Schülerinnen und Schülern selbst.

Darüber hinaus sind bei allen Experimenten die Sicherheitsbestimmungen zum Experimentieren im Unterricht zu beachten. Hierzu hat die Kultusministerkonferenz umfangreiches Material zur Verfügung gestellt. Man findet dieses im Internet unter: *https://www.kmk.org/service/servicebereichs-schule/sicherheit-im-unterricht.html* – vor allem sind dabei die Ausführungen ab Seite 90 des Pdf-Dokuments „Richtlinie zur Sicherheit im Unterricht" (Beschluss der KMK vom 09.09.1994 i.d.F. vom 26.02.2016) wichtig.
Für die selbstständige Arbeit der Lernenden sind den Experimenten entsprechende Warnhinweise (graue Kästen) angefügt.

Die Schülerinnen und Schüler werden im gesamten Werk direkt mit „du" angesprochen. Dies bedeutet nicht, dass alle Experimente als Einzelexperimente durchgeführt werden sollen. Vielmehr soll sich jede und jeder Lernende individuell angesprochen und zur Auseinandersetzung mit den Inhalten aufgefordert fühlen.

Die unter der Überschrift „Weiterdenken ..." aufgeführten Fragen und Aufgaben können in der Unterrichtsstunde zur Differenzierung, aber auch als Hausaufgaben zu Nachbereitung und Erweiterung der Stunde eingesetzt werden.

Viel Freude beim Einsatz der Kopiervorlagen wünscht Ihnen das Team des Kohl-Verlages und

Sebastian Freudenberger

1 Sicherheit im Alltag

1.1 Warnzeichen und Gefahrensymbole

Warnzeichen und Gefahrensymbole dienen der Kennzeichnung von Hindernissen und Gefahrenstellen, an denen eine Gefährdung besteht.

EA

Aufgabe: *Beantworte die Fragen unter dem Zeichen.*

a) Was bedeutet das Zeichen? **b)** Was ist die konkrete Gefahr, vor der gewarnt wird?

a) ____________________

b) ____________________

a) ____________________

b) ____________________

a) ____________________

b) ____________________

a) ____________________

b) ____________________

a) ____________________

b) ____________________

a) ____________________

b) ____________________

a) ____________________

b) ____________________

a) ____________________

b) ____________________

TIPP: Suche im Physikbuch oder im Internet nach den Begriffen *Warnzeichen* oder *Gefahrensymbole*.

PHYSIK IM ALLTAG
Täglich Naturwissenschaften erfahren – Bestell-Nr. 11 912
KOHL VERLAG

1 Sicherheit im Alltag

1.2 EU-Gefahrstoffsymbole

Durch eine global gültige Einstufungsmethode sollen die Gefahren für die menschliche Gesundheit und die Umwelt bei Herstellung, Transport und Verwendung von Chemikalien bzw. Gefahrstoffen möglichst gering gehalten werden.

EA

Aufgabe: *Beantworte die Fragen unter dem Zeichen.*

a) Was bedeutet das Zeichen? **b)** Wie sollte man sich verhalten?

a) ____________________

b) ____________________

a) ____________________

b) ____________________

a) ____________________

b) ____________________

a) ____________________

b) ____________________

a) ____________________

b) ____________________

a) ____________________

b) ____________________

a) ____________________

b) ____________________

a) ____________________

b) ____________________

<u>TIPP:</u> Suche im Physikbuch oder im Internet nach dem Begriff *EU-Gefahrensymbole*.

1.3 Gebotszeichen – Sicherheitszeichen im Alltag

Gebotszeichen werden vor allem im Straßenverkehr und in der Unfallverhütung am Arbeitsplatz verwendet.

EA

Aufgabe: *Beantworte die Fragen unter dem Zeichen.*

a) Was bedeutet das Zeichen? **b)** Vor welcher konkreten Gefahr sollte man sich schützen?

a) ______________________________ a) ______________________________

b) ______________________________ b) ______________________________

a) ______________________________ a) ______________________________

b) ______________________________ b) ______________________________

a) ______________________________ a) ______________________________

b) ______________________________ b) ______________________________

a) ______________________________ a) ______________________________

b) ______________________________ b) ______________________________

TIPP: Suche im Physikbuch oder im Internet nach dem Begriff *Gebotszeichen*.

1.4 Lärm macht krank – Lärmschutz im Alltag

Lärm begegnet uns heute an vielen Stellen des Lebens: im Straßenverkehr, im Beruf, aber auch in der Freizeit. Und dabei ist Lärm nicht nur unangenehm, er kann auch krank machen. Lautes Musikhören mit Kopfhörern ist gerade bei jungen Menschen ein krankmachendes Problem. Denn die Musik ist oft viel zu laut eingestellt.

EA

Aufgabe: *Fülle die Tabelle aus. Trage die fehlenden Lautstärken in die rechte Spalte ein. Markiere auch die Gefährdung für unser Gehör (grün – ok, gelb – vermeiden, rot – Gefahr!) in der ersten Spalte.*

Gefahr?	Situation bzw. Schallquelle	Entfernung zur Schallquelle	Lautstärke in dB(A)
	Schmerzschwelle	am Ohr	
	Flugzeug	100 m	
	Hörschäden bei kurzer Einwirkung	am Ohr	
	Diskothek	am Ohr	
	Hörschäden bei längerer Einwirkung	am Ohr	
	Auto (PKW)	10 m	
	Fernseher auf Zimmerlautstärke	1 m	
	sprechender Mensch	1 m	
	Flüstern	1 m	
	Hörschwelle (wir hören nichts)	am Ohr	

TIPP:
Suche im Physikbuch oder im Internet nach dem Begriff *Schalldruck.*

EA

Experiment:

1. Stelle deinen MP3-Player oder dein Handy so laut ein, wie du normalerweise Musik damit hörst.
2. Miss nun an den Kopfhörern mit einem Lautstärke-Messgerät (Schallpegelmesser) wie laut dein MP3-Player oder Handy ist.
3. Überprüfe mithilfe der Tabelle oben, ob die eingestellte Lautstärke gefährlich für dein Gehör ist.
4. Stelle nun deinen MP3-Player bzw. dein Handy so ein, dass du am Kopfhörer maximal 80 dB(A) messen kannst. So laut, wie dein MP3-Player bzw. dein Handy jetzt ist, so laut kannst du gefahrlos Musik hören.

WEITERDENKEN ...

➔ In welchen Situationen außer beim Musikhören sollte man sein Gehör schützen?

➔ Wie kannst du dein Gehör im Alltag schützen?

PHYSIK IM ALLTAG
Täglich Naturwissenschaften erfahren – Bestell-Nr. 11 912

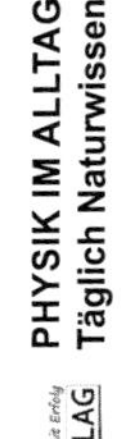

1.5 Wie achtlos weggeworfener Müll gefährlich werden kann

Waldeck (3. Juni). Gestern brach in Waldeck durch Unachtsamkeit ein Feuer auf einem bewaldeten Steilhang aus. Der Brand breitete sich rasch auf rund zwei Hektar Strauch- und Waldfläche aus. Er konnte von den Feuerwehren erst am Abend mit Unterstützung von zwei Helikoptern gelöscht werden.

Derzeit besteht eine hohe Gefahr für die Entstehung von Wald- und Flächenbränden. Die Vegetation ist an vielen Stellen sehr trocken. Schnell kann eine achtlos weggeworfene Zigarette oder Grillen im Freien einen großflächigen Wald- oder Wiesenbrand auslösen. Die Gefahr erhöht sich durch die warme Temperatur, durch Sonneneinstrahlung und durch den Wind, der das Feuer rasch anfacht. Allerdings kann auch unsachgemäß entsorgter Müll wie Glasflaschen, Scherben etc. einen Brand auslösen.

EA

Experiment:

Entzünde im Sommer mithilfe einer Lupe als Brennglas
- ein Stück Papier,
- ein Streichholz und
- ein Büschel getrocknetes Gras oder Laub.

Achtung!
Warnhinweis:

- Führe dieses Experiment nur unter Aufsicht deiner Lehrerin oder deines Lehrers durch.
- Führe dieses Experiment nur draußen durch.
- Halte einen Löscheimer mit Wasser oder Sand bereit.
- Achte darauf, dass nichts Brennbares in der Nähe ist.

EA

Aufgabe: *Beantworte die Fragen in deinem Heft/ in deinem Ordner.*

a) Um welche Linsenart handelt es sich bei einer Lupe?

b) Was bedeutet der Begriff „Brennpunkt"?

c) Welche andere Linsenart gibt es noch?

d) Wieso funktioniert das Experiment nur mit der Linsenart aus dem Experiment oben?

WEITERDENKEN ...

➔ Was sollte man im Sommer im Wald beachten, damit es nicht zu Bränden kommt?

➔ Wieso funktioniert das Experiment von oben im Sommer ganz gut – nicht aber im Winter?

➔ Womit kann man das Licht ebenfalls bündeln (außer mit einer Linse)?

KOHL VERLAG PHYSIK IM ALLTAG Täglich Naturwissenschaften erfahren – Bestell-Nr. 11 912

1.6 Sicher in der Dämmerung – Was zieh' ich am besten an?

Tom kommt an einem dunklen, regnerischen Herbstmorgen ganz aufgeregt in die Klasse.

„Ich hatte gerade beinahe einen Unfall mit einem Auto“, erzählt er atemlos.
„Kein Wunder, bei den dunklen Sachen, die du trägst“, meint Lena.

Doch was sollte Tom anziehen, um besser gesehen zu werden?

EA

Experiment 1:

1. Lasse Licht auf unterschiedliche Oberflächen fallen. Beobachte, welche Oberflächen das Licht gut „zurückwerfen“.
2. Fülle die Tabelle aus und zeichne in die Skizzen den Weg des „zurückgeworfenen“ Lichtes ein.

Achtung! Warnhinweis:

Sieh bei diesem Experiment niemals direkt in das reflektierte Licht!

Oberfläche	weißes Papier	gelbes Papier	rotes Papier	matt-schwarzes Papier	Spiegel	Reflektor
Skizze						
Was geschieht mit dem Licht, nachdem es auf die Oberfläche getroffen ist?						
Aus welcher Richtung ist der Gegenstand sichtbar?						
Fachbegriff						

Experiment 2:

In einem abgedunkelten Raum stellen sich zwei Personen, eine dunkel bekleidet und die andere hell und mit Reflektoren ausgestattet, zunächst in 5 Metern, dann in 10 Metern und zum Schluss in 15 Metern auf. Leuchte die Personen mit einer Lampe an. Was stellst du fest?

TIPP: Suche im Physikbuch oder im Internet nach den Begriffen *Reflektion*, *Streuung* und *Absorbtion*.

WEITERDENKEN ...

➔ Wie sollte Kleidung in der dunklen Jahreszeit (Herbst und Winter) oder bei Dunkelheit aussehen?

➔ Gibt es weitere Beispiele, bei denen man mit der Farbgebung besondere Aufmerksamkeit erreichen kann?

PHYSIK IM ALLTAG
Täglich Naturwissenschaften erfahren – Bestell-Nr. 11 912
KOHL VERLAG

1.7 Sicher in der Dämmerung – Wie ein Reflektor funktioniert

Wie wir zuvor gesehen haben, können helle Farben in der Kleidung uns helfen, im Dunklen besser gesehen zu werden. Noch effektiver ist dabei ein Reflektor.

Doch wie genau funktioniert ein Reflektor?

EA

Experiment:

1. Leuchte mit einer Lampe aus unterschiedlichen Richtungen auf einen Spiegel. Verfolge den Weg der Lichtstrahlen und zeichne ihn in die Skizze 1 unten ein.
2. Wiederhole den Versuch mit einem sogenannten Doppelspiegel. Er besteht aus zwei Spiegeln, die im rechten Winkel zueinander stehen. Zeichne den Weg der Lichtstrahlen in die Skizze 2 ein. Was stellst du fest?
3. Führe den Versuch nun erneut mit einem Tripel-Spiegel (Skizze 3) durch. Ein solcher Spiegel besteht aus drei Spiegeln, die alle im rechten Winkel zueinander stehen (wie die Ecke in einem Zimmer). Was stellst du nun fest?

Achtung! Warnhinweis:

- Sieh bei diesem Experiment niemals direkt in das reflektierte Licht!
- Um den Weg des Lichtes besser zu sehen, kann man auch einen Laserpointer und Rauch verwenden. Experimente mit einem Laserpointer darf aber nur deine Lehrerin bzw. dein Lehrer vorführen!

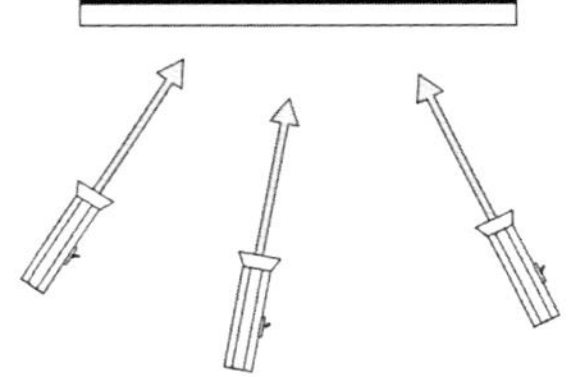

Skizze 1

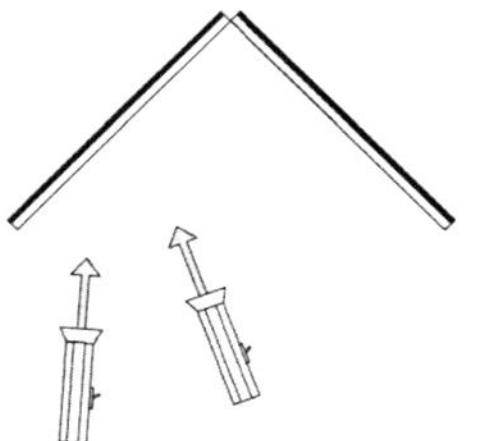

Skizze 2

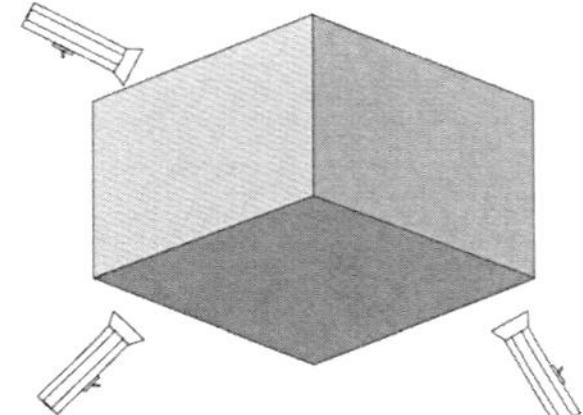

Skizze 3

EA

Aufgabe: *Beantworte die Fragen in deinem Heft/in deinem Ordner.*

a) Erkläre nun, wie ein Reflektor funktioniert, indem du den Weg der Lichtstrahlen beschreibst.

b) Wieso benutzt man im Alltag Reflektoren, um bei Dunkelheit sicherer zu sein und nicht nur Flächen mit hellen Farben?

TIPP für den Alltag:
Wenn du eine kleine Schraube oder einen Ohrring verloren hast, dann mach den Raum dunkel, lösch das Licht und such mit einer Taschenlampe. Der verlorene Metallgegenstand blitzt auf, wenn du ihn mit dem Lichtstrahl anleuchtest.

WEITERDENKEN ...

➔ Wo kommen im Alltag Reflektoren oder reflektierende Oberflächen zum Einsatz?

➔ Funktionieren alle auf die gleiche Weise?

PHYSIK IM ALLTAG
Täglich Naturwissenschaften erfahren – Bestell-Nr. 11 912

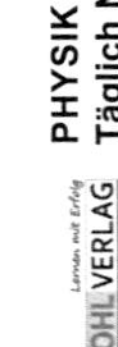

1.8 Wenn das Gewitter kommt ...

Lena und Max fahren mit dem Fahrrad über einen Feldweg.
Sie sehen am Horizont dunkle Wolken aufziehen. Da, plötzlich blitzt es …
„Oh, ein Gewitter“, meint Max. Beide hören den Donner grollen.
„Ja, aber das ist noch weit genug weg. Ungefähr vier Kilometer“, sagt Lena.
„Woher willst du das denn wissen?“, fragt Max und guckt Lena komisch an …

Woher weiß Lena, wie weit das Gewitter entfernt ist?

Um diese Frage zu beantworten, müssen wir klären, wie schnell das Licht des Blitzes bei Lena und Max ist und wie lange der Schall des Donners für dieselbe Strecke braucht.

EA

Aufgabe: *Beantworte die Fragen.*

a) Finde heraus, wie schnell das Licht ist. ______________ **km / s** = ______________ **m / s**

b) Wie schnell ist der Schall? ____________ **m / s**

c) Wie lange braucht das Licht bis zu Lena und Max, wenn das Gewitter ca. vier Kilometer von den beiden entfernt ist? ___________

d) Wie lange braucht der Schall des Donners für dieselbe Strecke? ________ **Sekunden**

e) Was könnte Lena gemacht haben, um herauszufinden, wie weit das Gewitter entfernt ist?

____

f) Wie weit ist das Gewitter entfernt, wenn man 9, 15, 21 oder 30 Sekunden nach dem Blitz den Donner hört?

____

TIPP: Suche im Physikbuch oder im Internet nach den Begriffen *Lichtgeschwindigkeit* und *Schall-geschwindigkeit.*

WEITERDENKEN ...

- ➔ Welche Gefahren gehen von Blitzen für uns Menschen aus?
- ➔ Informiere dich über Verhaltensregeln bei Gewitter und schreibe sie in dein Heft.

PHYSIK IM ALLTAG
Täglich Naturwissenschaften erfahren – Bestell-Nr. 11 912
KOHL VERLAG

1.9 Einen Brand bekämpfen – der automatische Feuermelder

Je schneller man von einem Brand weiß, desto schneller kann man ihn löschen. Weniger Schaden entsteht und Menschen werden nicht gefährdet oder verletzt.

Wenn man einen automatischen Feuermelder hat, muss niemand die Feuerwehr rufen. Sie kommt automatisch, sobald ein Brand entsteht. Das Feuer kann also schneller gelöscht werden.

Doch wie funktioniert ein solcher Feuermelder?

Im folgenden Experiment kannst du einen einfachen Feuermelder bauen.

EA

Experiment:

1. Feuermelder mit Bimetallschalter

Baue einen automatischen Feuermelder mit Bimetallschalter (Skizze 1). Stelle eine Kerze unter den Bimetallstreifen und beobachte, was passiert.

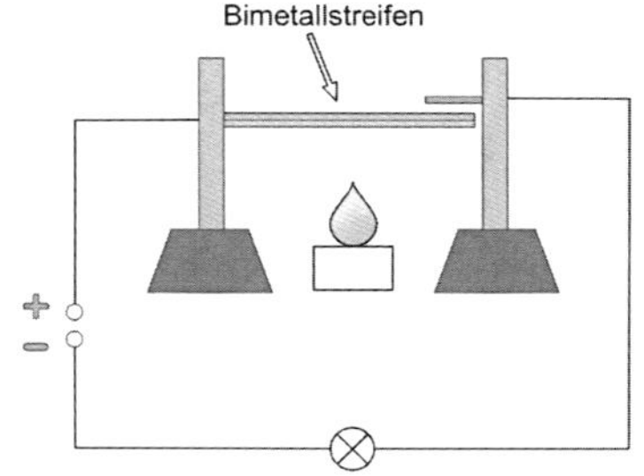

2. Feuermelder mit Metallstreifen und Wachskugel

Baue einen automatischen Feuermelder wie in Skizze 2. Stelle eine Kerze unter die Wachskugel und beobachte, was passiert.

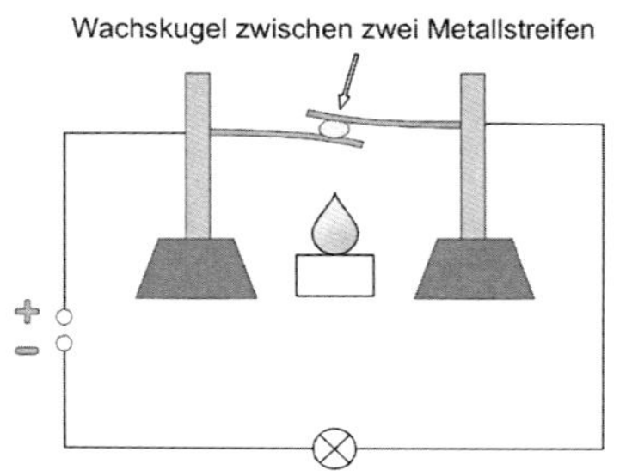

Achtung! Warnhinweis:

- Du kannst dich an der Kerzenflamme verbrennen.
- Durch das offene Feuer könnte ein Brand ausgelöst werden. Benutze daher eine feuerfeste Unterlage!

EA

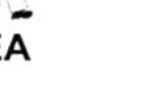

Aufgabe: *Beschreibe, wie die beiden Feuermelder funktionieren. Was sind Gemeinsamkeiten? Was sind Unterschiede? Schreibe in dein Heft/in deinen Ordner.*

TIPP: Suche im Physikbuch oder im Internet nach den Begriffen *Bimetall*, *Feuermelder* und *Rauchmelder*.

WEITERDENKEN ...

- ➔ Erkläre die besondere Eigenschaft eines Bimetallstreifens.
- ➔ Wo findet man automatische Feuermeldeanlagen?
- ➔ Informiere dich darüber, was die Unterschiede zwischen einem Feuermelder und einem Rauchmelder sind.

PHYSIK IM ALLTAG Täglich Naturwissenschaften erfahren – Bestell-Nr. 11 912
KOHL VERLAG

1.10 Einen Brand bekämpfen – die automatische Feuerlöschanlage

Um ein Feuer möglichst schnell zu löschen, gibt es automatische Feuerlöschanlagen. Wenn in einem Geschäft ein Feuer ausbricht, muss sofort gelöscht werden, damit kein zu großer Schaden entsteht.

Ein Beispiel für eine solche automatische Feuerlöschanlage ist die Sprinkleranlage.

Mit dem folgenden Experiment kannst du eine einfache Sprinkleranlage selber bauen.

EA

Experiment:

1. Nimm eine leere Getränkedose und mache ein Loch in den Boden.
2. Tropfe Wachs auf das Loch, bis es komplett verschlossen ist, und fülle die Dose dann mit Wasser.
3. Klemme die Dose in eine Halterung oder stelle sie auf einen Dreifuß mit Drahtnetz oder ähnlichem.
4. Stelle eine brennende Kerze unter die Dose. Was geschieht …?

Achtung! Warnhinweis:

- Du kannst dich an der Kerzenflamme verbrennen.
- Durch das offene Feuer könnte ein Brand ausgelöst werden. Benutze daher eine feuerfeste Unterlage!

<u>TIPP:</u> Suche im Physikbuch oder im Internet nach dem Begriff *Sprinkleranlage*.

WEITERDENKEN …

➔ Wo findet man automatische Feuerlöschanlagen?

➔ Informiere dich, wie eine „richtige" Sprinkleranlage funktioniert.

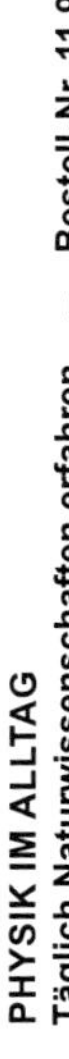
PHYSIK IM ALLTAG
Täglich Naturwissenschaften erfahren – Bestell-Nr. 11 912
KOHL VERLAG

1.11 Gefahren im Stromkreis – der Kurzschluss

Wenn ein Stromkreis geschlossen wird, ohne dass ein Verbraucher in ihn eingebaut ist, kommt es zu einem Kurzschluss.

Was einen Kurzschluss so gefährlich macht, kann man mit Experiment 1 zeigen.

Doch wir können uns vor Kurzschlüssen schützen. Wie das gehen kann, zeigt Experiment 2.

EA

Experiment 1:

Halte mit einer Zange etwas Stahlwolle gleichzeitig an beide Pole einer Batterie. Beobachte, was passiert.

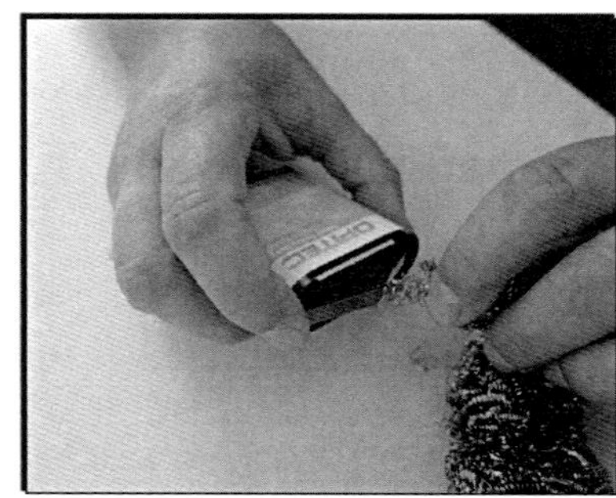

EA

Experiment 2:

Baue einen Stromkreis mit einer Spannungsquelle, einer Lampe und einem dünnen Draht (z.B. Lamettafaden) zwischen zwei isolierten Halterungen. Verursache einen Kurzschluss, indem du die Lampe mit mit einem isolierten Kabel überbrückst.
Beobachte, was mit dem Lamettafaden passiert.

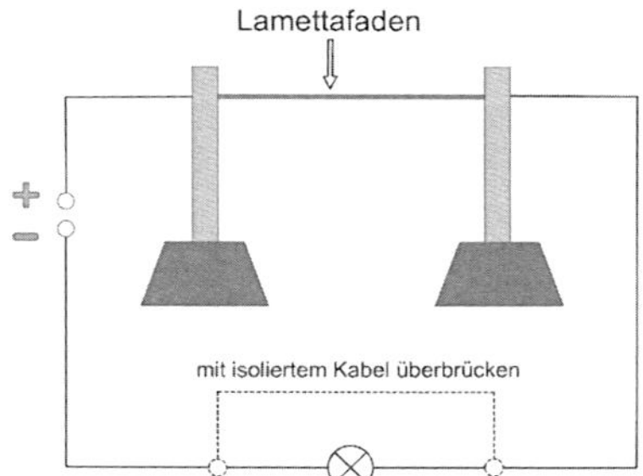

Achtung!
Warnhinweis:

- Führe diese Experimente nur unter Aufsicht einer Lehrkraft durch.
- Berühre niemals den offenen (nicht-isolierten) Draht!
- Verwende eine feuerfeste Unterlage.

EA

Aufgabe: *Beantworte die Fragen in deinem Heft/in deinem Ordner.* 

a) Welche Gefahr geht von einem Kurzschluss aus?

b) Welchen Schutz vor einem Kurzschluss hast du im zweiten Experiment gebaut?

c) Wie müssen Batterien gelagert werden, damit von ihnen keine Gefahr ausgeht?

TIPP: Suche im Physikbuch oder im Internet nach dem Begriff *Sicherung*.

WEITERDENKEN ...

➔ Welche verschiedenen Sicherungsarten gibt es?

➔ Finde heraus, wo sich die Sicherungen in deiner Schule und bei dir Zuhause befinden.

➔ Welche Sicherungsarten sind dort eingebaut?

PHYSIK IM ALLTAG
Täglich Naturwissenschaften erfahren – Bestell-Nr. 11 912
KOHL VERLAG

1.12 Gefahren im Stromkreis – die Überlastung

Auch wenn es keinen Kurzschluss gibt, können sich in einem Stromkreis starke elektrische Ströme bilden. Wenn viele Geräte parallel in einem Stromkreis angeschlossen sind, kann es zu einer Überlastung des Stromkreises kommen.

Wie bei einem Kurzschluss könnte so ein Brand ausgelöst werden.

Um dies zu verhindern, sind Stromkreise im Haushalt abgesichert. Wie eine solche Sicherung funktioniert, zeigt das Experiment.

EA

Experiment:

1. Baue den Stromkreis (mit einem sehr dünnen Draht aus z.B. einer Kupferlitze – 0,05 mm Durchmesser – zwischen zwei Isolierstützen) wie in der Skizze zu sehen ist auf.
2. Schließe erst einmal nur den Stromkreis mit der 0,5-A-Lampe.
3. Schalte nun zusätzlich die 5-A-Lampe ein.
4. Beobachte, was passiert und finde eine Erklärung dafür.

0,5 A
5 A

Achtung! Warnhinweis:

Dieses Experiment darf nur von einer Lehrkraft vorgeführt werden (hohe Spannung!).

EA

Aufgabe 1: *Beantworte die Fragen in deinem Heft/in deinem Ordner.*

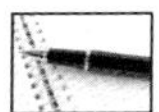

a) Welche Sicherungsart ist in dem Experiment eingebaut?

b) Welche weiteren Sicherungsarten gibt es?

EA

Aufgabe 2: *Vervollständige die Sätze. Schreibe in dein Heft/in deinen Ordner.*

gemeinsame Leitung • zu großer Strom • schützen • Strom

a) Bei einer Überlastung fließt ein hoher ___ in der ___ der parallel geschalteten Geräte.

b) Sicherungen ___ den Stromkreis, wenn ein ___ fließt.

WEITERDENKEN ...

➔ Welche Gefahr geht von einer Überlastung eines elektrischen Leiters aus?

➔ Was sollte man im Umgang mit Mehrfachsteckdosen beachten?

➔ Ab welcher Stromstärke sind elektrische Ströme für den menschlichen Körper gefährlich / tödlich?

➔ Wo treten solche großen elektrischen Ströme auf?

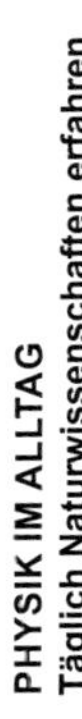

2 Sonne, Mond und Sterne

2.1 Der Mond ist aufgegangen ...

... und das tut er jede Nacht. Doch er sieht von Nacht zu Nacht unterschiedlich aus:

Mal sieht man den Mond als große runde Kugel, mal sieht man ihn fast gar nicht und sehr häufig sieht man ihn nur zum Teil … als hätte jemand ein Stück herausgebissen.
Und bei dieser abgebissenen Mondvariante gibt es auch gleich noch zwei unterschiedliche Ausführungen.

Was steckt dahinter?

Der Mond bewegt sich in 27 Tagen genau einmal um die Erde. In dieser Zeit – die fast genau einem Monat entspricht – erscheint der Mond in vier unterschiedlichen „Formen“ oder Phasen.

EA

Experiment: Stelle die Skizze im Kasten unten mit einer Taschenlampe, einem großen Ball für die Erde und einem kleineren Ball für den Mond nach. Bobachte, welchen Teil des Mondes das „Sonnenlicht“ erhellt.

EA

Aufgabe: *Beantworte die Fragen in deinem Heft/in deinem Ordner.*

a) Zeichne in der Skizze ein, welcher Teil des Mondes von der Sonne beleuchtet wird.

b) Beschrifte die Mondphasen in der Skizze auf den gestrichelten Linien.

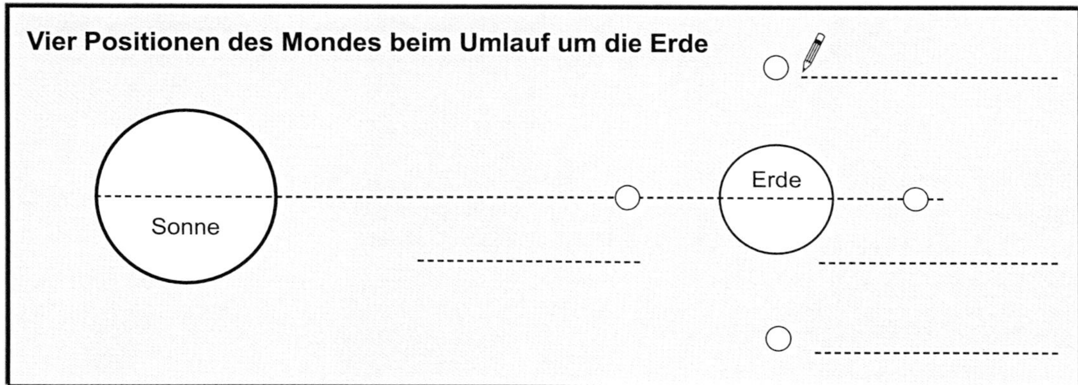

TIPP:
Suche im Physikbuch oder im Internet nach den Begriffen *Mondphasen* und *Phasen der Planeten*.

c) Zeichne mit gelb ein, wie wir den Mond in seinen vier Phasen sehen.
Beginne links mit Neumond und fahre in der zeitlich richtigen Reihenfolge fort.

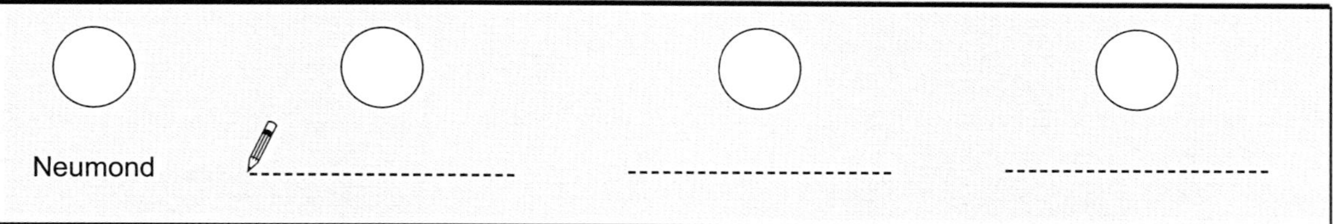

WEITERDENKEN ...

➔ In unserem Sonnensystem gibt es auch Planeten, an denen man auch Phasen beobachten kann. Finde heraus, welche Planeten das sind.

➔ Wer hat diese Phasen als Erster entdeckt? Und wann war das?

PHYSIK IM ALLTAG
Täglich Naturwissenschaften erfahren – Bestell-Nr. 11 912
KOHL VERLAG

2.2 Wenn die Sonne sich verfinstert ...

Die Azteken, Inkas und Maya in Zentral- und Südamerika verehrten die Sonne genauso wie die alten Ägypter in Afrika. Daher war für sie eine Sonnenfinsternis ein besonders wichtiges Ereignis. In der Vorstellung der alten Völker kündigte eine solche Finsternis großes Unheil an. Im Mittelalter glaubte man auch in Europa nach wie vor, dass eine Sonnenfinsternis ein Vorbote des Bösen war.

Heute wissen wir, dass wegen einer Sonnenfinsternis die Welt nicht untergeht. Ebenso erschreckt uns eine Mondfinsternis auch nicht mehr.

EA

Experiment: Stelle die Skizzen unten mit einer Taschenlampe, einem großen Ball für die Erde und einem kleineren Ball für den Mond nach. Bobachte, welchen Teil des Mondes das „Sonnenlicht“ erhellt.

EA

Aufgabe: *Beantworte die Fragen in deinem Heft/in deinem Ordner.*

a) Zeichne in beiden Skizzen den Verlauf der Lichtstrahlen (Randstrahlen) von der Sonne aus ein.

b) Vervollständige die Sätze und beantworte die Fragen unter den Skizzen.

Sonnenfinsternis

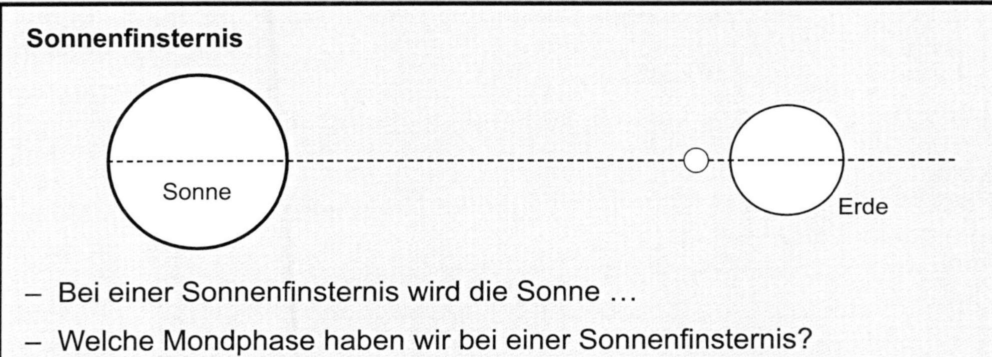

- Bei einer Sonnenfinsternis wird die Sonne …
- Welche Mondphase haben wir bei einer Sonnenfinsternis?

TIPP:

Suche im Physikbuch oder im Internet nach den Begriffen *Mond- und Sonnenfinsternis.*

Mondfinsternis

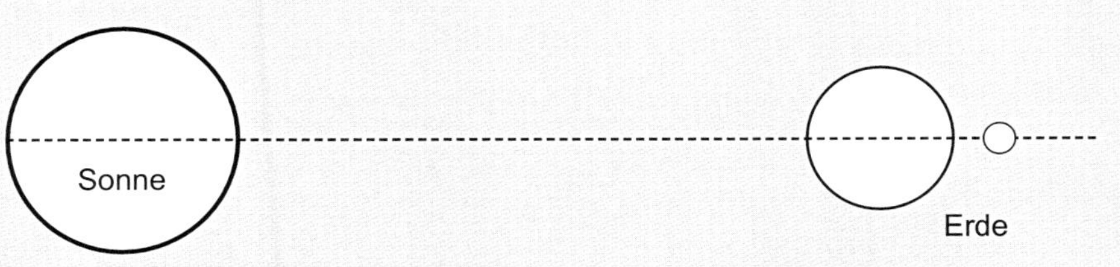

- Bei einer Mondfinsternis befindet sich der Mond …
- Welche Mondphase haben wir bei einer Mondfinsternis?
- Mond- und Sonnenfinsternisse finden nur satt, wenn …

WEITERDENKEN ...

➔ Finde heraus, wann in Deutschland die nächste Mond- bzw. Sonnenfinsternis ist.

➔ Was ist der Unterschied zwischen einer totalen und einer partiellen Finsternis?

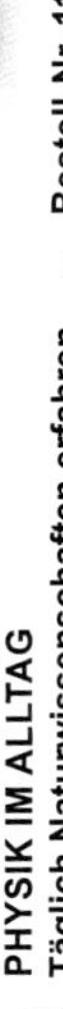

2.3 Zeitmessung mal anders

Heute nutzen wir Armbanduhren oder unser Handy, um uns die Zeit anzeigen zu lassen.

Doch vor 7000 Jahren gab es beides noch nicht. Damals orientierten sich die Menschen am Stand der Sonne. Mit Hilfe einer Sonnenuhr konnte man sich – zumindest tagsüber – die Zeit (Ortszeit) anzeigen lassen.

Je nachdem, wo und wie hoch die Sonne am Himmel steht, wirft ein Stab seinen Schatten auf eine in Stunden eingeteilte Skala. Hat die Sonne ihren höchsten Stand erreicht, ist Mittag – also 12 Uhr. Dieses Prinzip funktioniert auch heute noch.

Im folgenden Experiment kannst du eine solche Sonnenuhr bauen.

EA

Experiment:

1. Suche im Internet eine Druckvorlage für ein Ziffernblatt einer Sonnenuhr oder zeichne dir selber eines auf Pappe. Der Winkel zwischen den einzelnen Stundenlinien ist immer 15° (*Skizze 1*).
2. Durch den Mittelpunkt der Pappscheibe schiebst du einen Stab, sodass der Stab mit der Scheibe einen rechten Winkel bildet.
3. Nun muss die Pappscheibe in einem bestimmten Neigungswinkel ausgerichtet werden. Erkundige dich, auf welchem nördlichen Breitengrad dein Wohnort liegt. Der Neigungswinkel der Pappscheibe muss diesem Wert entsprechen (*Skizze 2*).
4. Die Mittagslinie (12-Uhr-Linie) auf der Pappscheibe muss nun so ausgerichtet werden, dass sie (die „12") genau nach Norden zeigt. TIPP: Richte die Mittagslinie mit einem Kompass aus.
5. Jetzt kannst du die Ortszeit (also die Uhrzeit an dem Ort, an dem die Sonnenuhr steht) ablesen.

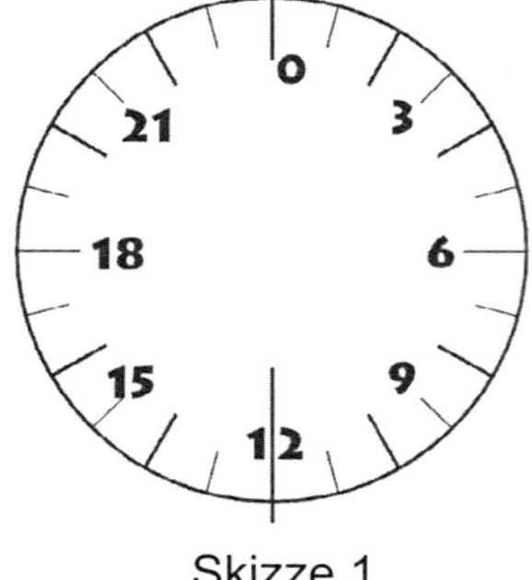

Skizze 1

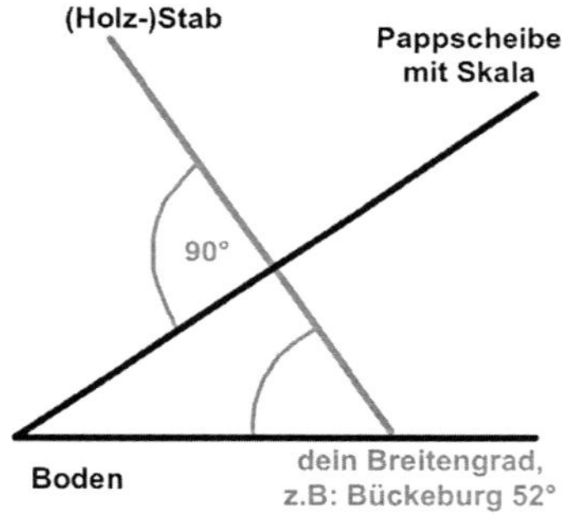

Skizze 2

WEITERDENKEN ...

- ➔ Gibt es in deinem Wohnort Sonnenuhren?
- ➔ Was musst du beachten, je nachdem, ob du die Sonnenuhr im Winter oder im Sommer benutzt?
- ➔ Informiere dich, wann und wieso in Europa die Sommerzeit eingeführt wurde?
- ➔ Ist die regelmäßige, jährliche Umstellung auf die Sommerzeit noch sinnvoll?

PHYSIK IM ALLTAG Täglich Naturwissenschaften erfahren – Bestell-Nr. 11 912
KOHL VERLAG

2 Sonne, Mond und Sterne

2.4 Wieso ist der Sonnenuntergang rot?

Wenn man tagsüber in den wolkenlosen Himmel guckt, so sieht man, dass der Himmel blau erscheint. Bei Sonnenaufgang und Sonnenuntergang kommt es nicht selten vor, dass der Himmel sich rot verfärbt.

Doch wie kommt dieses Farbenspiel zustande? Das Licht der Sonne sieht doch eigentlich weiß aus.

Ein einfaches Experiment soll dir verdeutlichen, wie es zu den unterschiedlichen Farben am Himmel kommt.

EA

Experiment:

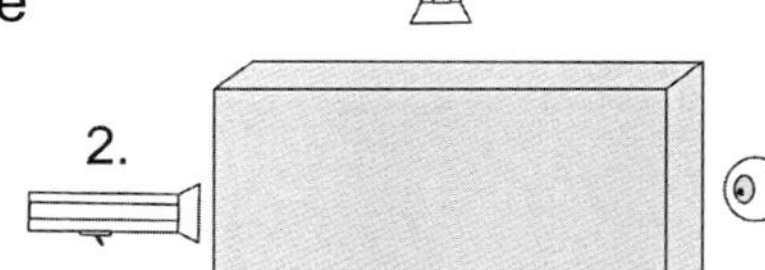

1. Fülle ein Aquarium oder einen glatten Glasbecher mit Wasser. Gib etwas Milch in das Wasser, sodass eine bläulich-weiße Flüssigkeit entsteht.
2. Strahle mit dem gebündelten Licht einer Taschenlampe von oben (1.) in die Flüssigkeit. Sieh dir das Licht der Lampe von der Seite aus an.
3. Strahle nun von der Seite (2.) in die Flüssigkeit. Wie sieht das Licht der Lampe nun von der Seite durch die Flüssigkeit betrachtet aus?

TIPP: Suche im Physikbuch oder im Internet nach dem Begriff *Abendrot.*

EA

Aufgabe:

Finde eine Erklärung für das Experiment.
(Hinweise: Beschreibe, wie unterschiedlich rotes und blaues Licht gestreut wird. Berücksichtige bei deiner Erklärung auch die Länge des Weges des Lichts durch das Aquarium.)

____

____

____

____

____

WEITERDENKEN ...

➔ Die Atmosphäre der Erde enthält bekanntlich keine Milchtröpfchen. Woran werden die Lichtstrahlen der Sonne in der Erdatmosphäre gestreut?

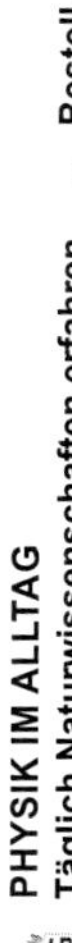

KOHL VERLAG

3 Licht und Schatten

3.1 Spieglein, Spieglein an der Wand …

Babys, die zum ersten Mal ihr Spiegelbild sehen, suchen nach dem „Menschen hinter dem Spiegel“. Sie wissen noch nicht, dass man sich selbst in einem Spiegel sieht. Daher greifen sie dorthin, wo sie die andere Person vermuten. Um zu verstehen, warum bei den Babys dieser Eindruck einer anderen Person hinter dem Spiegel entsteht, müssen wir uns überlegen, wie ein Spiegelbild eigentlich entsteht.

Bei der Bearbeitung der folgenden Aufgaben kannst du dir klar machen, wie der Eindruck entstehen kann, dass das Bild hinter dem Spiegel liegt.

EA

Aufgabe:

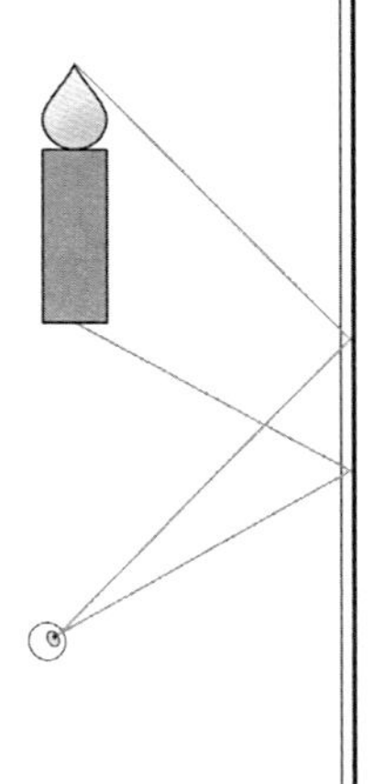

a) *Zeichne in der Skizze rechts das Spiegelbild ein.*

TIPP: Verlängere die im Auge ankommenden Lichtstrahlen in die entgegengesetzte Richtung.

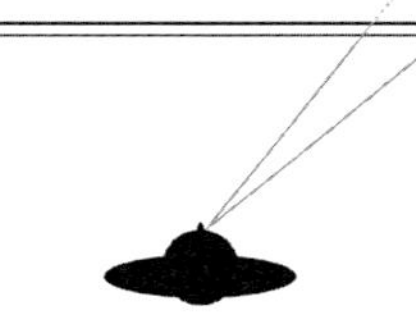

b) *Zeichne in die Skizze ein, wo die zweite Person stehen muss, wenn die erste dieses Spiegelbild sieht.*

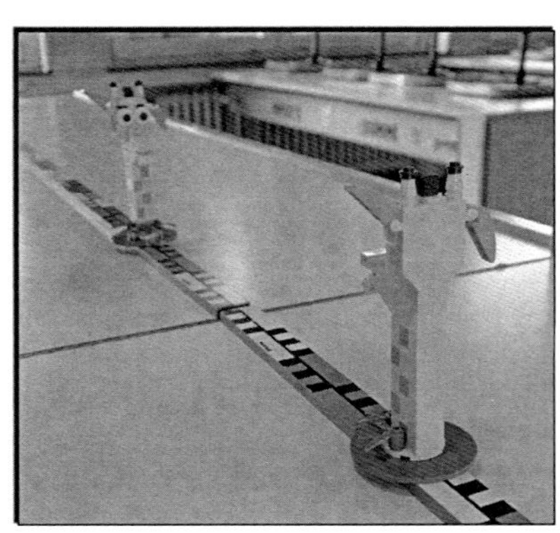

c) *Welche Eigenschaften von Spiegelbildern kannst du aus dem Foto rechts entnehmen?*

WEITERDENKEN …

➔ Welche Eigenschaften muss eine Oberfläche haben, damit sie ein gut erkennbares Spiegelbild liefert?

KOHL VERLAG PHYSIK IM ALLTAG Täglich Naturwissenschaften erfahren – Bestell-Nr. 11 912

3.2 Wie glaubwürdig ist der Zeuge?

Mittwoch, Großer Sitzungssaal des Amtsgerichts, 13.30 Uhr.
Richter Neumann verhandelt einen Fall, in dem ein Handy von der Rückbank eines Autos gestohlen wurde.
„Die hintere, rechte Scheibe des Autos wurde eingeschlagen und ein teures Smartphone entwendet“, sagt Richter Neumann. „Was haben Sie davon mitbekommen, Herr Zeuge?“

„Ich saß im Café und aß ein Stück Kuchen. Plötzlich hörte ich ein Klirren. Im Schaufenster des Spielzeugladens sah ich, wie der Angeklagte durch die Scheibe ins Auto griff und dann wegging.“

„Die Polizei hat bei Ihrer Vernehmung mit Ihnen diese Skizze erstellt. Zeigen Sie uns bitte, wo genau Sie waren, als es klirrte,“ fordert der Richter den Zeugen auf.

EA **Aufgabe**: *Überprüfe, ob die Aussage des Zeugen stimmt.*

a) Wie gehst du vor?

b) Wie wird der Richter die Aussage des Zeugen wohl bewerten?

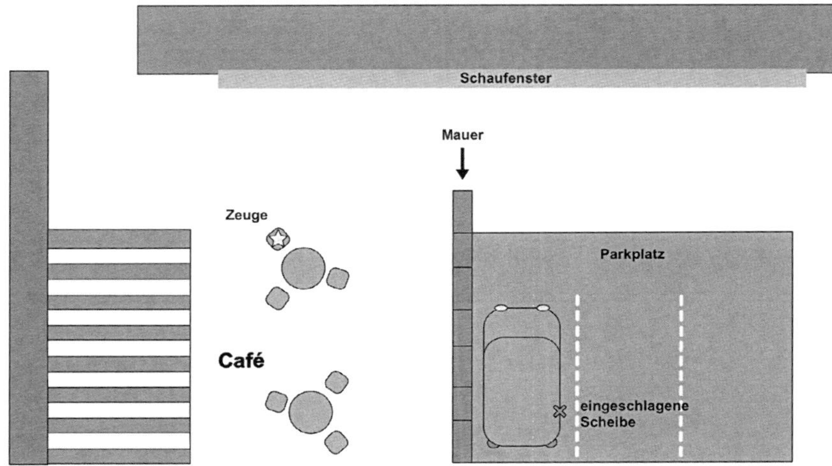

WEITERDENKEN ...

➔ Löse die Rätsel. Was befindet sich in den Rätselkisten?
Zeichne den Weg des Lichtstrahls bzw. der Lichtstrahlen ein.

a) 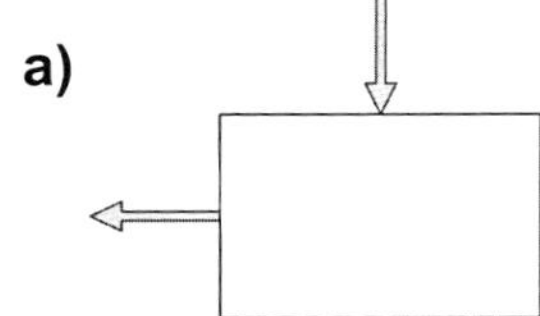

b) 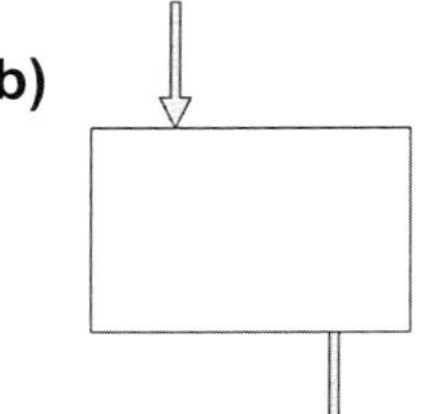

c) 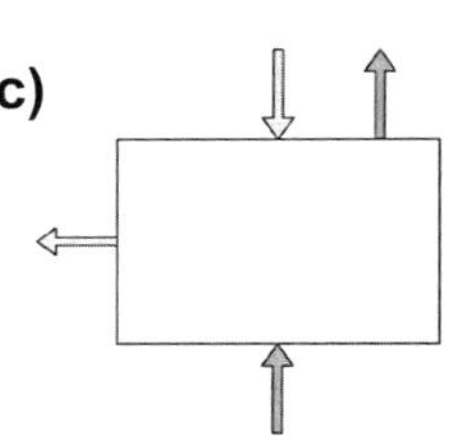

➔ Denk dir selbst Rätselkisten aus. Zeichne sie auf die Rückseite dieses Blattes.

➔ Lasse sie von einer Mitschülerin oder einem Mitschüler lösen.

➔ Baue die Rätselkisten aus den Aufgaben oben nach.

➔ Überlege, was du außer Schuhkartons noch für Material brauchst.

PHYSIK IM ALLTAG
Täglich Naturwissenschaften erfahren – Bestell-Nr. 11 912
KOHL VERLAG

3.3 Rechts ist links und umgekehrt – wie man Spiegel „reparieren“ kann

Wenn du vor einem Spiegel stehst und die rechte Hand ausstreckst, hält dir dein Spiegelbild die linke Hand entgegen.

Dein Spiegelbild ist also eigentlich genau „falsch herum“.

Aus dem Mathematikunterricht kennst du diese Eigenschaft von Spiegelungen vielleicht in ganz ähnlicher Weise.
Beim Spiegeln ändert sich der Drehsinn, z.B. bei der Benennung von Dreiecken.

Wie man einen Spiegel „reparieren“ kann, kannst du im folgenden Experiment ausprobieren.

EA

Experiment:

1. Nimm ein Blatt und zeichne eine Reihe farbige Punkte darauf. Lege das Blatt vor einen einfachen Spiegel, sodass die Punktreihe parallel zum Spiegel liegt.
   Ist die Reihenfolge im Spiegelbild identisch mit der Reihenfolge auf dem Blatt?
   Wie unterscheiden sie sich?
2. Baue nun einen Doppelspiegel auf. Ein Doppelspiegel besteht aus zwei Spiegeln, die im rechten Winkel zueinander stehen (wie in der Skizze unten).
3. Lege den markierten Zettel vor den Doppelspiegel, sodass die Punktreihe wie der Stift in der Skizze liegt. Was stellst du fest?

EA

Aufgabe: *Beantworte die Fragen in deinem Heft/in deinem Ordner.*

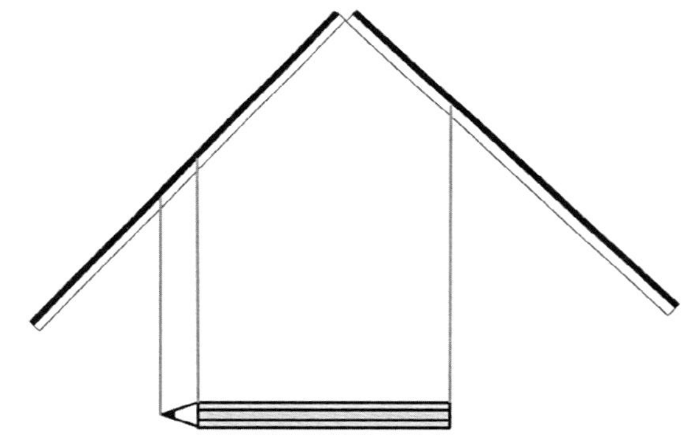

a) Zeichne den Weg des Lichts (Lichtstrahlen) von der Spitze und dem Ende des Stiftes in die Skizze ein.

b) Erkläre anhand der Skizze, wie der Doppelspiegel funktioniert.

WEITERDENKEN ...

➔ Erkläre, welchen Sinn die aufgeklebten Schriftzüge im Bild haben. Bei einem der Bilder stimmt etwas nicht.

KOHL VERLAG PHYSIK IM ALLTAG Täglich Naturwissenschaften erfahren – Bestell-Nr. 11 912

3.4 Vor Geistern hab ich keine Angst – Who you gonna call?

Ängstlich blickt Lisa den langen Gang entlang ins Halbdunkel. „Max, da war etwas. Ich habe da was gesehen …“, sagt sie ganz leise. „Da ist nichts. Nur der leere, dunkle Gang“, sagt Max. Doch plötzlich stockt ihm der Atem. Wie aus dem Nichts erscheint eine weiße, leuchtende Frau mit einem Kerzenständer in der Hand. „Ein Geist!“, sagen beide gleichzeitig erschrocken …
Dann fährt der Wagen der Geisterbahn weiter in den nächsten Raum.

Man sieht den Geist nicht.

Der Geist erscheint.

Wie man einen Geist praktisch aus dem Nichts erscheinen lassen kann, findest du im folgenden Experiment heraus.

Experiment:

EA

1. Baue den Versuch nach der Skizze (rechts) auf. Achte auf die Ausrichtung von Kerze und Wasserglas hinter der Glasscheibe.
2. Zünde die Kerze an und schau auf die Anordnung des Versuches.
3. Gieße dann Wasser in das Becherglas. Schaue wieder auf die Glasscheibe.

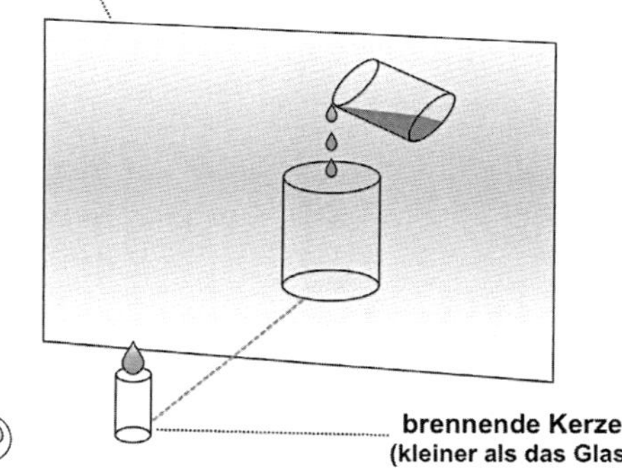

Aufgabe: *Beantworte die Fragen in deinem Heft/in deinem Ordner.*

EA

a) Was beobachtest Du?

b) Wo befindet sich das Spiegelbild der brennenden Kerze?

c) Wie groß ist das Spiegelbild?

d) Wie weit ist das Spiegelbild von der Glasscheibe entfernt?

TIPP: Suche im Physikbuch oder im Internet nach den Begriffen *Pepper`s Ghost* und *Teilerspiegel* bzw. *Einwegspiegel*.

WEITERDENKEN …

- ➔ Wo tritt der Effekt aus der Geisterbahn und dem Experiment noch auf?
- ➔ Welche Probleme können Brillenträger mit ihren Brillengläsern haben? Und wie kann man diese Probleme beseitigen?
- ➔ Was ist ein halbdurchlässiger Spiegel und wie funktioniert er? Wo werden halbdurchlässige Spiegel eingesetzt?

PHYSIK IM ALLTAG
Täglich Naturwissenschaften erfahren – Bestell-Nr. 11 912
KOHL VERLAG

3.5 Warum ist der Regenbogen bunt?

Sicher hast du schon einmal einen Regenbogen gesehen. Dabei hast du dich bestimmt auch schon gefragt, wie ein solcher farbiger Bogen entsteht.

Klar ist, dass der Regenbogen etwas mit Wassertropfen zu tun haben muss, da er nur bei Regen zu sehen ist.

Doch wie genau dieses besondere Farbenspiel funktioniert, kannst du mit einem einfachen Experiment herausfinden.

EA

Experiment 1:

1. Lege eine Experimentierleuchte mit Schlitzblende so auf den Tisch, dass du an der Wand oder auf einem Schirm den Lichtstrahl siehst.
2. Stelle nun in den Lichtstrahl ein Prisma (Skizze rechts) und beobachte, was auf der Wand bzw. auf dem Schirm zu sehen ist.
3. Nimm nun eine kugelförmige Flasche, die mit Wasser gefüllt ist, oder eine Glaskugel anstelle des Prismas. Was stellst du fest?

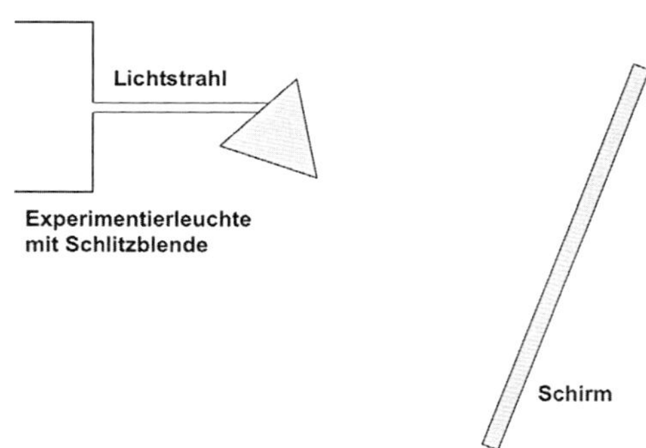

EA

Experiment 2:

Versuche (im Freien) mit einem Wasserschlauch einen Regenbogen zu erzeugen. Was musst du beachten, damit das Experiment gut funktioniert?

EA

Aufgabe:

Beantworte die Fragen in deinem Heft/in deinem Ordner.

a) Welche Farben hat der Regenbogen? Zähle sie in der richtigen Reihenfolge auf. Beginne mit Rot.

b) Finde heraus, wie das Licht in einem Wassertropfen gebrochen wird. Zeichne den Weg des Lichtstrahls in die Skizze rechts ein.

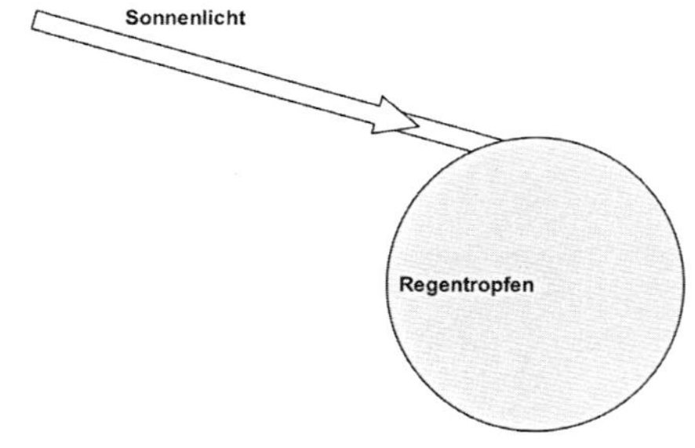

WEITERDENKEN ...

- ➔ Was kannst du aus der Existenz von Regenbögen über das Sonnenlicht schließen?
- ➔ Wo außer am Himmel kannst du „Regenbögen“ noch sehen?
- ➔ Welche Bedingungen müssen erfüllt sein, damit du einen Regenbogen sehen kannst?

PHYSIK IM ALLTAG
Täglich Naturwissenschaften erfahren – Bestell-Nr. 11 912
KOHL VERLAG

3.6 Wie funktioniert ein moderner Fernseher?

Moderne Fernseher werden immer flacher.
Frühere Fernseher, die Röhrenfernseher, waren wahre Monster im Vergleich zu heutigen Geräten.

Siehst du dir das Bild eines modernen Fernsehers mit einer Lupe an, erkennst du, wie die einzelnen Bildpunkte aufgebaut sind.

Im folgenden Experiment kannst du nachvollziehen, wie das Bild in einem modernen Fernseher von Bildpunkt zu Bildpunkt entsteht.

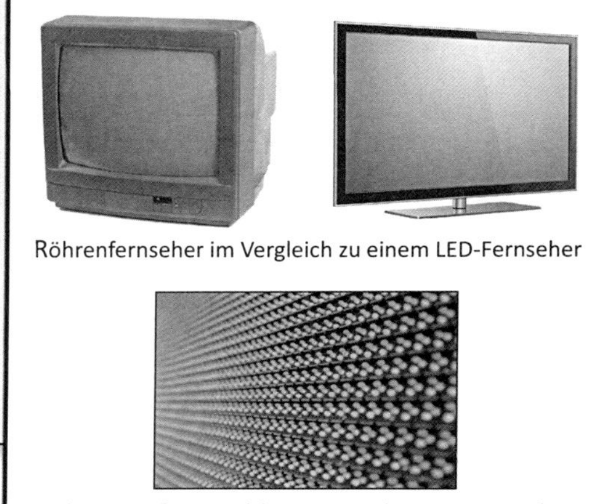

Röhrenfernseher im Vergleich zu einem LED-Fernseher

stark vergrößerte Bild eines modernen Fernsehers

EA

Experiment 1:

1. Setze vor drei Experimentierleuchten je einen roten, einen grünen bzw. einen blauen Farbfilter aus Glas oder Folie.
2. Richte die Experimentierleuchten so aus, dass sich ihre Lichtkegel auf einem Schirm teilweise überlagern.
3. Mische so die drei verschiedenen Farben miteinander. Welche Farben kannst du erkennen?
   Was stellst du in dem Bereich fest, in dem sich alle Farben überlagern?

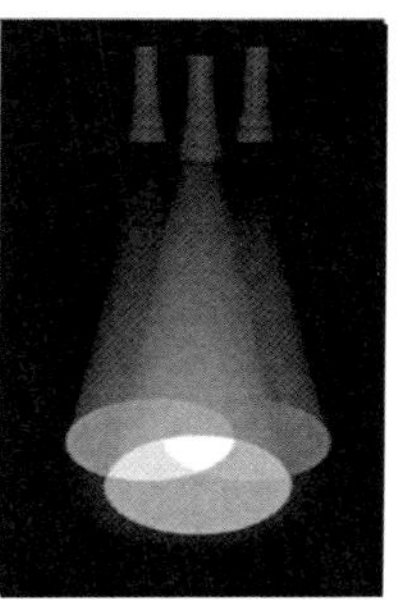

EA

Aufgabe 1: *Zeichne das Ergebnis aus Experiment 1 in die Skizze ein:*

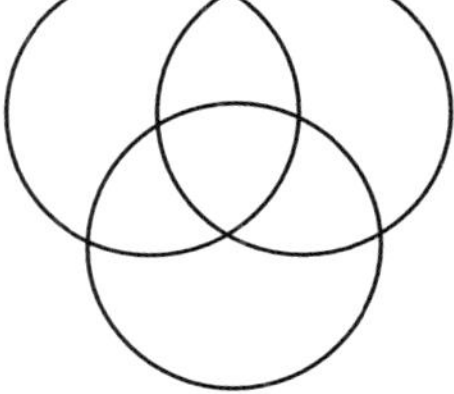

EA

Experiment 2:

Verändere die Helligkeit der einzelnen Lichtquellen, indem du die Spannung der Lampen veränderst. Was stellst du fest?

EA

Aufgabe 2: *Welche Farben kann man auf diese Weise nicht erstellen?*

____

WEITERDENKEN ...

- ➔ Erkläre in eigenen Worten den Begriff „Farbaddition“.
- ➔ Informiere dich, wie die „Farbsubtraktion“ funktioniert und was sie von der Farbaddition unterscheidet.
- ➔ Suche Beispiele aus dem Alltag, in denen Farbaddition und Farbsubtraktion auftreten.

KOHL VERLAG – PHYSIK IM ALLTAG Täglich Naturwissenschaften erfahren – Bestell-Nr. 11 912

3.7 Totalreflexion und Glasfaser

Wenn du in einem Schwimmbecken unter Wasser tauchst und nach oben guckst, wirst du feststellen, dass du nicht überall nach außen sehen kannst.
Stattdessen siehst du den Boden des Schwimmbeckens.

Diesen Effekt nennt man „Totalreflektion“. Er tritt nicht nur im Schwimmbad auf.
Heutzutage hat man Geräte und Technologien entwickelt, die sich diesen Effekt gezielt zunutze machen.

Wie es zu einer Totalreflektion kommt, kannst du mit einem kleinen Experiment herausfinden.

EA

Experiment:

Bild 1

1. Nimm eine dicke „Glasfaser“ / dicke Nylonschnur oder einen durchsichtigen, mit Wasser gefüllten Schlauch.
2. Lass ein dünnes Lichtbündel aus einer starken Experimentierleuchte (dein Lehrer kann das Experiment auch mit einem Laser vorführen) durch die Stirnseite in die Nylonschnur / den Schlauch fallen.
3. Beobachte, wo das meiste Licht austritt.

Bild 2

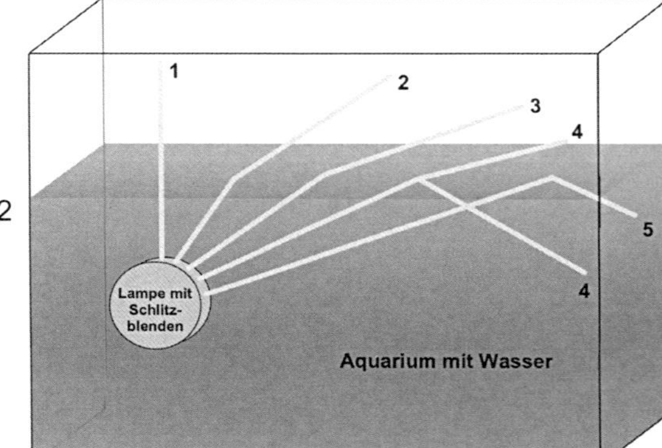

EA

Aufgabe: *Beantworte die Fragen in deinem Heft/Ordner.*

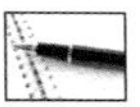

a) Beim Übergang von z. B. Wasser in Luft wird das Licht gebrochen. Ab einem bestimmten Winkel kommt gar kein Licht mehr durch die Wasseroberfläche. Beschreibe den Weg der Lichtstrahlen im *Bild 2*.

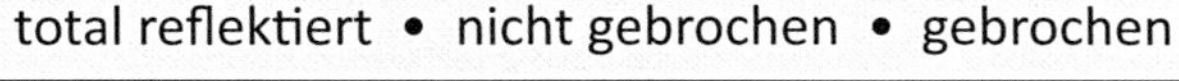

total reflektiert • nicht gebrochen • gebrochen

Lichtstrahl 1 wird ...

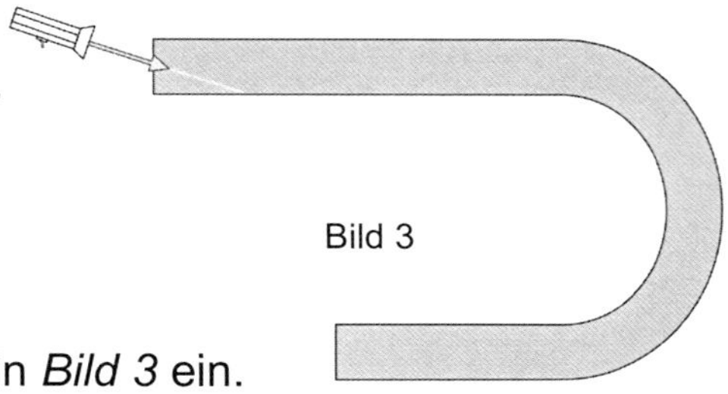

Bild 3

b) Zeichne den Weg des Lichtstrahls durch die Glasfaser in *Bild 3* ein.

WEITERDENKEN ...

- ➔ Informiere dich, wie in modernen Datenleitungen Informationen (z. B. im Internet) übertragen werden. Welche Vorteile hat diese Art der Datenübermittlung?
- ➔ In der Medizin werden Glasfasern für Untersuchungen eingesetzt. Erläutere, wieso Glasfasern dafür verwendet werden.

PHYSIK IM ALLTAG
Täglich Naturwissenschaften erfahren – Bestell-
KOHL VERLAG

3.8 Bitte recht freundlich ...

Handys sind heutzutage Alleskönner: telefonieren, Nachrichten schreiben und Termine verwalten sind nur ein Teil ihrer Funktionen. Fotos machen gehört ebenso dazu.

Die Anfänge der Fotografie waren da technisch noch viel schlichter. Mit einfachen Lochkameras wurden Fotografien mit viel Aufwand (z. B. langes Warten beim Fotografieren) erstellt.

Wie eine Lochkamera aufgebaut ist und wie man die Bilder beim Fotografieren verbessern konnte, kannst du mit den Experimenten herausfinden.

Achtung! Warnhinweis:

Sieh niemals direkt in die Sonne! Weder mit noch ohne Lochkamera!

EA

Experiment:

1. Nimm zwei ca. 30 cm lange Pappröhren, die man lückenlos ineinander schieben kann.
2. Schneide aus einem Stück dünner Pappe einen Kreis mit einem etwas größeren Durchmesser als die größere Pappröhre aus. Stich mit einer Nadel ein Loch (max. 1 mm) in den Mittelpunkt dieser runden Scheibe.
3. Klebe die Scheibe auf eines der Enden der größeren (äußeren) Röhre.
4. Klebe auf eines der Enden der inneren Röhre Transparentpapier als Schirm und stecke dieses Ende in die größere Röhre.

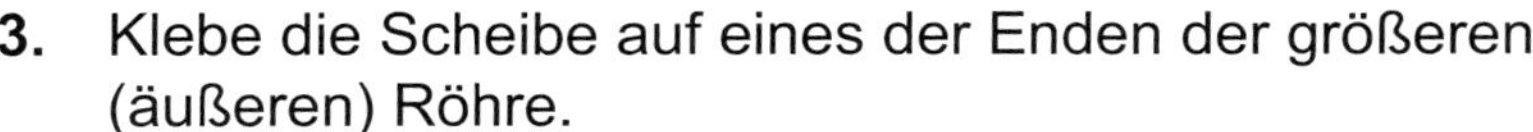

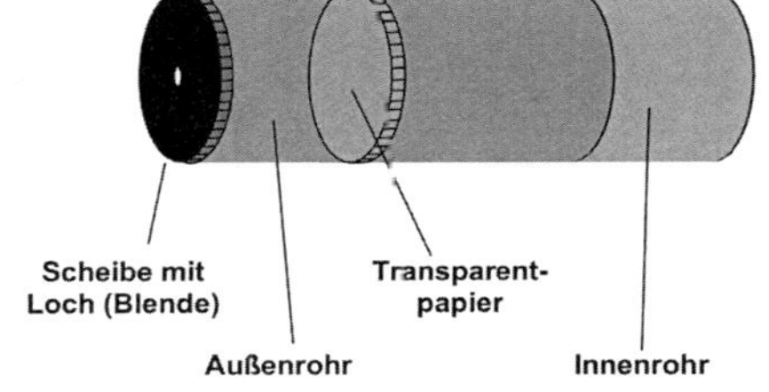

EA

Aufgabe:

Bilde „je-desto"-Sätze zu den Aufgaben a) bis c). Schreibe in dein Heft/in deinen Ordner. Beispiel: Je heller das Objekt ist, desto heller ist sein Bild.

a) Betrachte verschiedene Objekte in deiner Umgebung durch die Lochkamera. Vergleiche die Gegenstände mit ihren Bildern. Was stellst du fest?

b) Gehe mit der Kamera nah an ein Objekt heran. Entferne dich dann wieder vom Objekt und beobachte dabei das Bild der Lochkamera.

c) Betrachte ein Objekt. Verändere nicht deinen Abstand zu dem Objekt oder die innere Pappröhre. Vergrößere das Loch in der Pappscheibe ein bisschen und betrachte wieder das Objekt.

TIPP für den Alltag:

Mit dem iPhone gemachte Bilder werden in der Regel besser, wenn man beim Fotografieren auf die Verwendung des Zooms verzichtet und stattdessen das normale Bild mit Hilfe des Zooms ansieht.

WEITERDENKEN ...

- ➔ Wie kann man die Helligkeit des Bildes eines Objektes verbessern? Welches Problem ergibt sich dann jedoch mit einer Lochkamera?
- ➔ Vergrößere das Loch in deiner Lochkamera und setze eine Sammellinse ein. Betrachte das erzeugte Bild. Was stellst du fest?
- ➔ Wo werden Linsen heute verwendet, um Bilder zu erzeugen oder zu verbessern?

PHYSIK IM ALLTAG Täglich Naturwissenschaften erfahren – Bestell-Nr. 11 912 KOHL VERLAG

4 Magnetismus

4.1 Der Schatz im Gully

Lea und Max wollen zur Eisdiele gehen und sich ein Eis kaufen.
Auf dem Weg sieht Max etwas Glänzendes in einem der Gullys. „Ein Geldstück, Lea“, sagt er, „zwei Euro!“.
"Wenn wir doch nur an die Münze herankämen, das wäre für jeden von uns eine Kugel Eis.“, stellt Max fest.
Lea sagt: „Wenn wir einen Magneten und eine Schnur hätten …“

Was denkst du? Können die beiden das 2-Euro-Stück aus dem Gully holen?
Geht das auch mit anderen Münzen?

In den folgenden Experimenten kannst du ausprobieren, welche Stoffe und Gegenstände magnetisch sind.

EA

Experiment:

1. Prüfe mit einem Magneten, welche Münzen von einem Magneten angezogen werden.
   Trage deine Ergebnisse in die obere Zeile der Tabelle ein.
2. Überprüfe, welche der folgenden Gegenstände von einem Magneten angezogen werden.
   Trage deine Ergebnisse in die untere Zeile der Tabelle ein.

Eisennagel, Gummibärchen, Kork, Alufolie, Stoff, Wolle, Büroklammer, Papier, Taschentuch, Wäscheklammer, Bleistift

wird angezogen	wird nicht angezogen

EA

Aufgabe: *Schreibe in dein Heft/in deinen Ordner.* 

a) Wieso werden manche Münzen von einem Magneten angezogen und andere nicht?

b) Dieser Merksatz hilft dir, dich zu erinnern, was von einem Magneten angezogen wird:

_______________, _______________, _______________ packt der Magnet am Wickel!

WEITERDENKEN …

➔ Welche Magnetarten gibt es? Zeichne sie auf. Zeichne immer den Nord- und den Südpol ein.

➔ Beende die Sätze:

Die magnetische Anziehung kann bestimmte Stoffe …

Durch ein Eisenblech zwischen Magnet und Eisennagel wird die magnetische Wirkung …

TIPP für den Alltag:
Eine Münze am Automaten zu reiben, wenn er sie nicht erkannt hat, bringt nichts! Dass die Münze nach dem Reiben manchmal doch angenommen wird, ist Zufall. Das Reiben zerkratzt nur den Automaten!

4.2 Wo ist Norden?

Der Seefahrer Christoph Kolumbus (1451-1506) glaubte noch, dass die Kompassnadel vom Polarstern angezogen wird und deshalb nach immer nach Norden zeigt.

Heute wissen wir, dass die Erde selbst ein riesiger Magnet mit einem Nord- und einem Südpol ist.
Auch eine Kompassnadel ist ein Magnet. Dieser drehbare Magnet richtet sich nach dem Magnetfeld der Erde aus. So zeigt die Kompassnadel immer nach Norden.

Wie du ganz einfach einen Magneten selbst bauen kannst, findest du im folgenden Experiment heraus.

EA

Experiment:

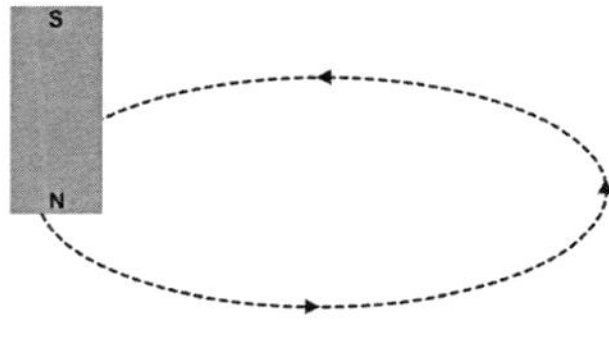

Bild 1:
Magnetisieren der Nähnadel

1. Fahre mit einem Pol eines Magneten immer in derselben Richtung über eine Nähnadel (*Bild 1*).
2. Stich die magnetisierte Nadel nun durch einen Flaschenverschluss oder eine Kork- oder Styroporscheibe (*Bild 2*).
3. Lass den Verschluss bzw. die Scheibe in einer Schale oder einem tiefen Teller mit Wasser schwimmen (*Bild 3*).
TIPP: Mit etwas Spülmittel im Wasser bleibt die Kompassnadel immer in der Mitte und treibt nicht zum Rand ab.

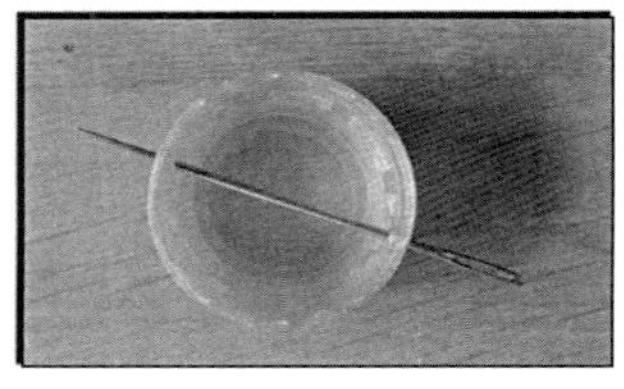
Bild 2:
Nadel steckt im Verschluss

EA

Aufgabe: *Beantworte die Fragen in deinem Heft/in deinem Ordner.*

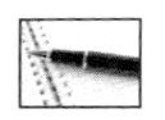

a) Überprüfe mit einem Kompass, wie sich die Nadel ausrichtet.

b) Was geschieht, wenn du die Nadel ein bisschen verdrehst?
Schreibe in dein Heft/in deinen Ordner.

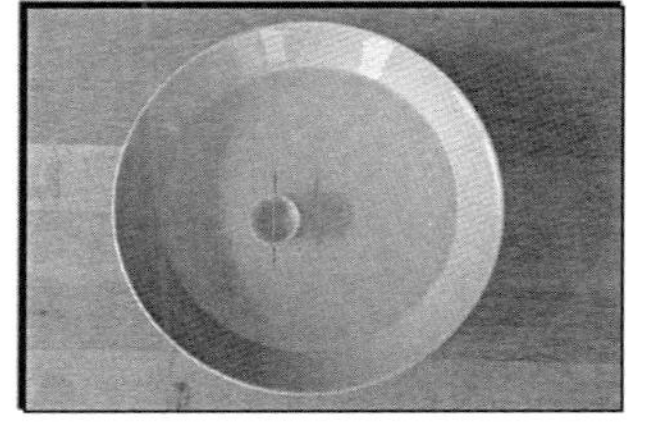
Bild 3:
Verschluss schwimmt im Wasser

WEITERDENKEN ...

➔ Wieso ist es wichtig zu wissen, wo Norden ist?
➔ Wie kann man sich noch orientieren, wenn man keinen Kompass dabei hat?
➔ Erkundige dich, wie das Magnetfeld der Erde entsteht.
➔ Wenn der magnetische Nordpol einer Kompassnadel auf den „Nordpol“ der Erde zeigt, was sagt das über den „Nordpol“ der Erde?
➔ Gibt es in unserem Sonnensystem weitere Planeten, die ein Magnetfeld besitzen?

KOHL VERLAG Lernen mit Erfolg PHYSIK IM ALLTAG Täglich Naturwissenschaften erfahren – Bestell-Nr. 11 912

5 Schall

5.1 Ich höre die Wellen „rauschen“ – Was ist Schall?

Schall empfinden wir als angenehm, wenn wir ihn zum Beispiel als Musik wahrnehmen. Schall kann aber auch störend sein, so wie der Verkehrslärm.

Doch was genau ist Schall eigentlich? Und wie breitet er sich aus?

Es gibt verschiedene Möglichkeiten, Schall sichtbar und begreifbar zu machen. Drei einfache lernst du in den folgenden Experimenten kennen:

In den ersten beiden Experimenten siehst du, was Schall ist. Im dritten Experiment kannst du erfahren, wie Schall sich ausbreitet.

EA

Experiment 1:

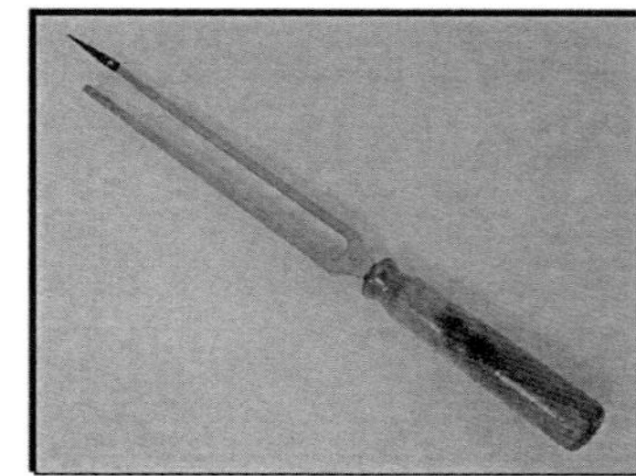

Nimm eine berußte Glasplatte. Ziehe gleichmäßig eine angeschlagene Stimmgabel mit einem Kratzer am Ende darüber. Beschreibe die Spur, die der Kratzer im Ruß hinterlässt.

EA

Experiment 2:

1. Halte ein Tamburin oder eine mit einer Luftballonhaut einseitig bespannte Pappröhre vor eine Kerzenflamme.
2. Schlage das Tamburin bzw. die gespannte Haut an der Röhre an. Was stellst du fest?

EA

Aufgabe 1:

Schreibe in dein Heft/in deinen Ordner.
Beschreibe aufgrund der beiden Experimente, was Schall ist.

EA

Experiment 3:

Halte eine angeschlagene Stimmgabel in die Mitte einer großen Schale mit Wasser. Beobachte, was mit dem Wasser geschieht.

EA

Aufgabe 2:

Schreibe in dein Heft/in deinen Ordner.
Beschreibe mithilfe des dritten Experiments wie sich Schall ausbreitet.

WEITERDENKEN ...

- ➔ Was bedeuten die Begriffe Amplitude und Frequenz?
- ➔ Markiere in den Schallwellen immer die Amplitude und die Frequenz.
  Gib an, ob der Ton hoch oder tief, laut oder leise ist.
- ➔ Was außer Schall breitet sich noch wellenförmig aus?

1.

2.

3.

PHYSIK IM ALLTAG
Täglich Naturwissenschaften erfahren ■ Bestell-Nr. 11 912
KOHL VERLAG

5.2 Wie man ein Handy zum Schweigen bringt

Dass wir ein Handy klingeln hören oder uns die Musik aus den Lautsprechern des Handys erfreut oder stört, liegt daran, dass sich der Schall im Raum ausbreitet. Ohne Schallausbreitung gibt es auch keine Geräusche oder Töne.

Mit den hier aufgelisteten Experimenten kannst du untersuchen, wie sich Schall ausbreitet. Und du kannst herausfinden, wie man mit ein wenig Aufwand ein Handy „zum Schweigen" bringen kann.

EA

Experiment 1:

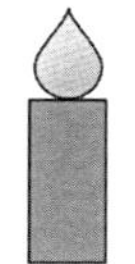

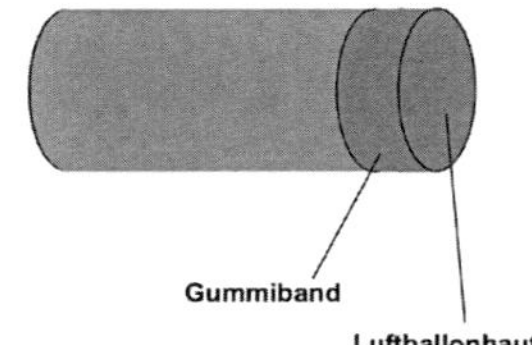

1. Halte ein Tamburin oder eine mit einer Luftballonhaut einseitig bespannte Pappröhre vor eine Kerzenflamme.
2. Schlage das Tamburin bzw. die gespannte Haut an der Röhre an. Was stellst du fest?

EA

Experiment 2:

1. Stelle eine tickende Uhr (z.B. Wecker) auf die Tischplatte. Als Alternative kann auch eine Mitschülerin oder ein Mitschüler vorsichtig (!) auf die Tischplatte klopfen.
2. Lege dein eines Ohr auf die Tischplatte und halte dir das andere Ohr zu. Was stellst du fest?

Achtung! Warnhinweis:

Das dritte Experiment darf nur von einer Lehrkraft vorgeführt werden. (Durch das Vakuum könnte die Glasglocke splittern!).

EA

Experiment 3:

1. Lass dein Handy dein Lieblingsmusikstück in Endlosschleife abspielen.
2. Lege es unter eine Glasglocke auf einen Schwamm.
3. Sauge nun mit einer Pumpe alle Luft aus der Glasglocke heraus. Was stellst du fest?

EA

Aufgabe: *Welche Eigenschaft des Schalls kannst du aus den drei Experimenten ableiten? Schreibe in dein Heft/in deinen Ordner.*

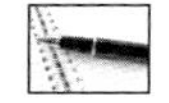

WEITERDENKEN ...

- ➔ Wie breitet sich der Schall in einem so genannten Dosentelefon aus?
- ➔ Schall breitet sich in verschiedenen Medien unterschiedlich schnell aus. Erstelle eine Liste mit verschiedenen Materialien und notiere, wie schnell sich der Schall darin ausbreitet.
- ➔ Erkundige dich, wie Wale ihre Artgenossen rufen. Wieso ist die Tonhöhe dabei entscheidend?

TIPP für den Alltag:

Man kann Kopfhörer als Mikrofonersatz benutzen. Stecke sie in die Mikrofonbuchse deines Computers. So kannst du zum Beispiel für ein Referat üben oder einen Vortrag aufnehmen.

PHYSIK IM ALLTAG
Täglich Naturwissenschaften erfahren – Bestell-Nr. 11 912

5.3 Schneller als der Schall … geht das?

Die Concord war ein Flugzeug, das von 1976 – 2003 mit Überschallgeschwindigkeit flog. Es legte die Strecke von Paris nach New York in 3 bis 3 1/2 Stunden zurück – etwa die Hälfte der Zeit, die ein modernes Unterschallflugzeug benötigt.

Doch wie schnell muss ein Flugzeug fliegen, um ein Überschallflugzeug zu sein? Um herauszufinden, ob etwas wirklich schneller als der Schall ist, muss man erst wissen, wie schnell der Schall selber ist.

Das folgende Experiment musst du zu zweit oder in einer Gruppe durchführen, um herauszufinden, wie schnell der Schall tatsächlich ist.

Experiment 1:

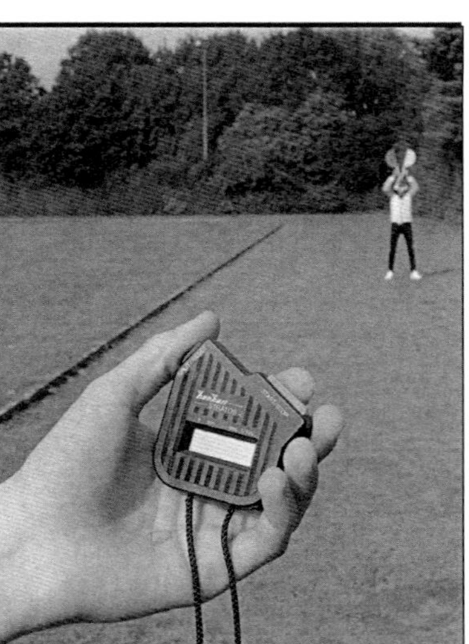

1. Sucht euch einen Ort, an dem ihr eine freie Strecke von 340 Metern, 680 Metern und 1020 Metern abmessen könnt.
   TIPP: Die Strecke sollte ruhig gelegen sein. Achtet darauf, dass sie z. B. nicht durch Autos befahren wird.
2. Einer von euch stellt sich an das eine Ende der Strecke. Ab seiner Position werden die Strecken jeweils gemessen. Er bekommt eine Startklappe aus dem Sportunterricht, mit der er einmal klatschen soll, wenn der Rest der Gruppe am Messpunkt (am anderen Ende der Strecke) bereit ist.
3. Messt am Messpunkt mit einer Stoppuhr die Zeit, die der Schall (Knall) braucht, um bei euch anzukommen.
   TIPP: Dazu müsst ihr die Klappe gut sehen können. Der „Klatscher" sollte euch vorab signalisieren, wann er klatschen wird: wie im Sport „Auf die Plätze – fertig – los!".
4. Wiederholt das Experiment auf allen ausgemessenen Strecken nacheinander.
   TIPP: Führt den Versuch bei jeder Strecke mehrfach durch, um Messungenauigkeiten auszugleichen.

Aufgabe: *Berechnet nun mit euren Messwerten die Schallgeschwindigkeit in der Luft. Gebt euer Ergebnis in m/s und km/h an.*

WEITERDENKEN …

- ➔ Die Schallgeschwindigkeit ist abhängig vom Medium. Was bedeutet dieser Satz?
- ➔ Wenn ein Blitz in 3 Kilometern Entfernung einschlägt, wie lange braucht der Schall zu uns?
- ➔ Informiere dich, wie es bei sehr schnell fliegenden Flugzeugen zum Überschallknall kommt.
- ➔ Wale kommunizieren im Wasser durch ihre Gesänge. Wie viel schneller breitet sich Schall im Wasser als in Luft aus?

KOHL VERLAG PHYSIK IM ALLTAG Täglich Naturwissenschaften erfahren • Bestell-Nr. 11 912

5.4 Der Dopplereffekt

Max und Lisa stehen an der Ampel und warten auf Grün. Plötzlich rast ein Rettungswagen mit Blaulicht und Martinshorn über die Kreuzung. Nachdem der Rettungswagen wieder verschwunden ist, sagt Lisa zu Max: „Ist dir auch aufgefallen, dass die Sirene erst höher und dann tiefer klingt, wenn der Rettungswagen an einem vorbeifährt?“

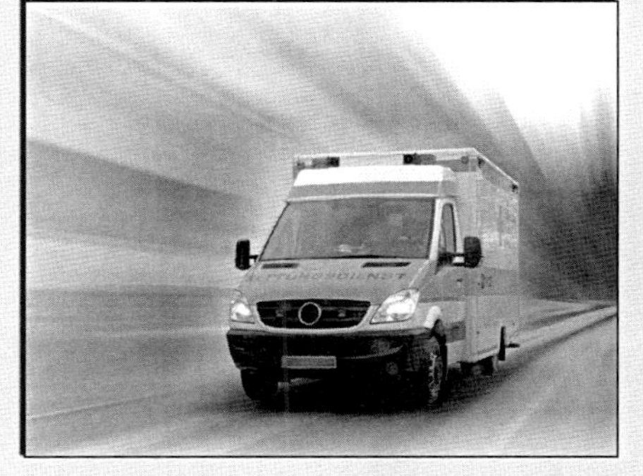

Max antwortet: „Klar. Das hat irgendwas damit zu tun, wie sich Schall ausbreitet, glaube ich.“
„Also mit Schallwellen?“ meint Lisa.

Mit dem Experiment kannst du den sogenannten Dopplereffekt (benannt nach seinem Entdecker Christian Doppler) erforschen.

Experiment:

1. Stell dich mit deinen Mitschülern in einer Reihe im Raum auf. Vor euch muss so viel Platz sein, dass eine Person gut vor euch vorbeilaufen kann.
2. Nun geht eine Person mit einer angeschlagenen Stimmgabel vor der Reihe vorbei. Was hörst du?
3. Als nächstes rennt die Person sehr schnell mit der angeschlagenen Stimmgabel <u>vor</u> der Reihe vorbei. Was hörst du nun?

EA

Aufgabe:

Erkläre anhand der Skizze (rechts) wie der Dopplereffekt funktioniert.

TIPP: Sieh dir dabei genau an, wie sich die Schallwellen vor dem Rettungswagen (Note in der Mitte) von denen hinter ihm unterscheiden.
Schreibe in dein Heft/in deinen Ordner.

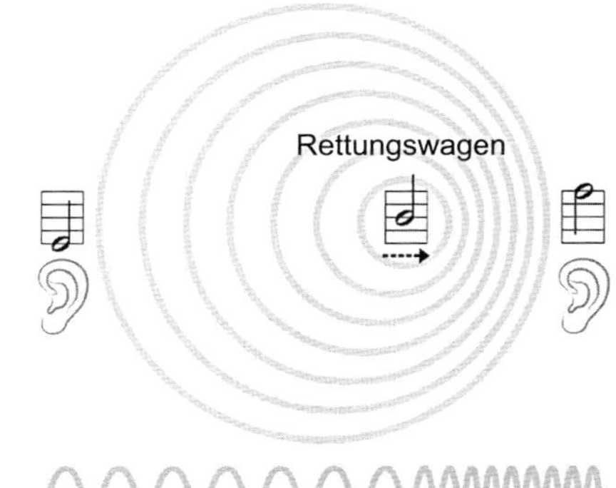

WEITERDENKEN ...

- ➔ Der Dopplereffekt ist nicht nur ein akustisches Phänomen. Wo tritt er noch auf? Und wie wirkt er sich dort aus?
- ➔ Wozu nutzen Astronomen den Dopplereffekt?

PHYSIK IM ALLTAG
Täglich Naturwissenschaften erfahren – Bestell-Nr. 11 912

5.5 Musik auch ohne Lautsprecher genießen?

Max und seine Freunde Arne, Lasse und Tom fahren zum Zelten. Abends wollen sie Musik hören.
„Ich habe meine Lautsprecher vergessen“, stellt Arne fest. Die anderen sind etwas sauer auf Arne, weil sie nur einen einzigen MP3-Player und ein Paar Kopfhörer dabei haben.
„Ich habe mal gehört“, fällt Max ein, „dass man aus einer leeren Dose Stapelchips eine Box bauen kann. Dazu müssen wir nur die Kopfhörer so in die Dose hängen, dass sie und die Kabel die Dose nicht berühren."
„Und dadurch soll dann die Musik aus den Kopfhörern lauter werden?", wundert sich Tom. Alle sind skeptisch, ob das funktionieren wird. Doch sie machen die Chipsdose schnell leer.

Überprüfe, ob der Vorschlag von Max klappt.

EA

Experiment 1:

1. Halte die Kopfhörer deines Handys oder MP3-Players frei in die Luft und lass Musik aus ihnen abspielen.
2. Nimm nun die Kopfhörer und halte sie so in eine leere, aufrecht stehende Stapelchipsdose, dass sie die Wände nicht berühren. Was stellst du fest?

EA

Experiment 2:

Wiederhole das Experiment 1. Benutze dieses Mal allerdings statt einer Stapelchipsdose ein Weinglas oder ein anderes sehr dünnwandiges Glas. Auch hier dürfen die Kopfhörer das Glas nicht berühren. Was stellst du fest?

EA

Experiment 3:

Überprüfe die Aussage: „ Aus einer leeren Toilettenpapierrolle und vier Pinnwandnadeln lässt sich schnell und einfach ein „Lautsprecher“ für ein Smartphone bauen.“

EA

Aufgabe: *Beantworte die Fragen in deinem Heft/in deinem Ordner.*

a) Bei welchem der Experimente hat sich die Lautstärke tatsächlich erhöht?

b) Finde heraus, was die drei Experimente mit den Begriffen „Klangkörper“ und „Mitschwingen“ zu tun haben.

c) Was schwingt bei den einzelnen Experimenten mit? Kannst du das Mitschwingen in den Experimenten noch verbessern?

WEITERDENKEN ...

➔ Bei Instrumenten findest du auch Klangkörper. Schreibe Instrumente auf, die einen Klangkörper haben und beschreiben ihn.

➔ Erkläre, wieso unter einer Stimmgabel für Physikexperimente, wie man sie in der Schule hat, ein zu einer Seite geöffneter Holzkasten ist.

➔ Erkläre den Begriff „Resonanz“ in eigenen Worten.

PHYSIK IM ALLTAG
KOHL VERLAG

6 Elektrischer Strom

6.1 Elektrische Leiter und Nichtleiter

Im Umgang mit elektrischem Strom ist es wichtig zu wissen, welche Stoffe den Strom leiten und welche nicht. Dieses Wissen kann dir sogar das Leben retten!
Materialien, die den Strom leiten, nennt man elektrische Leiter oder kurz Leiter. Nichtleiter oder Isolatoren leiten den elektrischen Strom nicht.

Im folgenden Experiment sollst du überprüfen, welche Stoffe den elektrischen Strom leiten und welche Stoffe Nichtleiter sind.

EA

Experiment:

1. Baue den Stromkreis mit „Prüfstelle" aus der Abbildung rechts unten auf.
2. Teste verschiedene Materialien, ob sie den elektrischen Strom leiten (z.B. Eisennagel, Gummibärchen, Kupferdraht, Kork, Stoff, Wolle, Büroklammer, Papier, 1-Euro-Stück, Taschentuch, Bleistiftmine, Kreide, Salzwasser …).

   TIPP: Wenn du Flüssigkeiten testen willst, klemme zwei lange Nägel oder Metallstäbe in die Klemmen und tauche sie dann in die Flüssigkeit. Achte darauf, dass sich die Stäbe dabei nicht berühren!
3. Protokolliere deine Ergebnisse in der Tabelle.

Leiter	Nichtleiter (Isolator)

Achtung! Warnhinweis:

Achte darauf, dass die Spannungsquelle im Stromkreis auf maximal 6 Volt eingestellt ist.

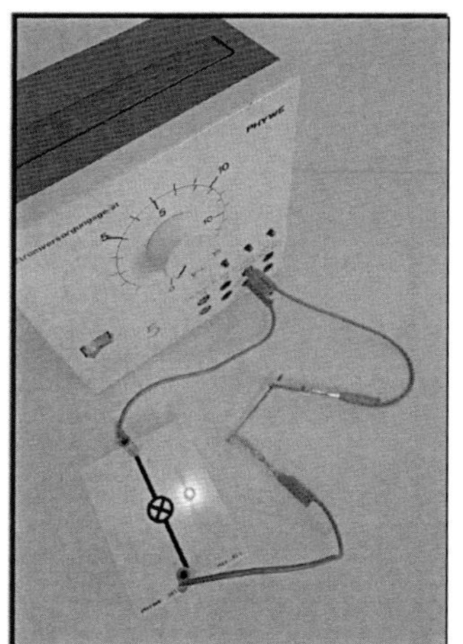

Stromkreis mit Prüfstelle

WEITERDENKEN …

- ➔ Wenn du bei einem elektrischen Gerät feststellst, dass die Kabelisolierung fehlt oder beschädigt ist, was ist dann zu tun?
- ➔ Was leitet den elektrischen Strom besser: ein kurzer, dicker Draht oder ein langer und dünner Draht?
- ➔ Wo werden gute elektrische Leiter eingesetzt?
- ➔ Wo werden gute elektrische Isolatoren eingesetzt?

TIPP für den Alltag:

Das Telefonieren während des Ladevorgangs kann den Akku deines Handys beschädigen.
Deswegen sind die Ladekabel auch meistens so kurz.

PHYSIK IM ALLTAG
Täglich Naturwissenschaften erfahren – Bestell-Nr. 11 912

6.2 Stromkreise im Alltag

Elektrizität und elektrischer Strom sind heute wichtiger als je zuvor. Viele Leute sagen, dass sie ohne elektrischen Strom heute gar nicht mehr leben könnten. Das Leben wäre ohne Strom sicherlich viel komplizierter, aber nicht undenkbar.

Stromkreise umgeben uns überall. Ein einfacher Stromkreis besteht aus einer Spannungsquelle, einem Verbraucher und oftmals auch aus einem Schalter. Der Verbraucher kann z.B. eine Klingel, eine Lampe oder ein Motor sein.

Wir wollen untersuchen, wo uns Stromkreise im Alltag begegnen.

EA

Aufgabe: *Finde Beispiele für Stromkreise in deinem Alltag. Halte in einem Tagesprotokoll fest, wann dir wo Stromkreise begegnen.*

Zeitpunkt	Wo ist der Stromkreis?	Beschreibe den Stromkreis
aufwachen		
schlafen gehen		

WEITERDENKEN ...

- In einem Mehrfamilienhaus kann man an der Haustür und an der Wohnungstür jeder einzelnen Wohnung klingeln. Welche Schaltungsart ist für diesen Zweck im Haus eingebaut? Entwirf eine Skizze der Schaltung.
- Wie wird eine Sicherheitsschaltung noch genannt?
- Wo wird sie eingesetzt? Fertige eine Skizze für eine solche Schaltung an.
- Wozu können Wechselschaltungen verwendet werden?

TIPP für den Alltag:

Wenn du für ein Gerät AA-Batterien brauchst, aber keine zur Hand hast, kannst du auch AAA-Batterien verwenden und die Lücke am Pluspol mit einem Kügelchen Alu-Folie überbrücken.

PHYSIK IM ALLTAG – Täglich Naturwissenschaften erfahren – Bestell-Nr. 11 912

6.3 Die Wirkungen des elektrischen Stromes – Wärme und Licht

Herr Hansen will eine Glühlampe im Zimmer seiner Kinder auswechseln. Ina und Timo sehen ihm dabei zu. Herr Hansen schaltet die Lampe mit dem Lichtschalter aus. Er stellt sich auf eine Leiter und greift die Glühlampe, um sie aus der Fassung zu drehen.
„Au!" Ina guckt ihren Vater erschrocken an. „Papa, eine Lampe wird heiß, wenn sie an ist. Das weiß ja sogar ich", sagt Timo.

Doch wieso wird die Lampe heiß?

EA

Experiment 1:

Reibe deine Hände aneinander. Erst langsam, dann ganz schnell.
Was stellst du fest?

Achtung! Warnhinweis:

- Benutze Halterungen mit isolierten Standfüßen für den offenen Draht.
- Berühre den offenen Draht nicht. Er wird heiß!

EA

Aufgabe: *Erkläre, wieso ein elektrischer Leiter heiß wird. Was reibt im Leiter?*

EA

Experiment 2:

1. Baue den Stromkreis mit offenem Draht aus der Skizze rechts auf. Benutze dabei einen dünnen Draht (0,1 mm Durchmesser) und ein Lampe (6V, 1A).
2. Stelle die Spannungsquelle zunächst auf 0,5 Volt ein – dann 1 V, 2 V, bis maximal 6 Volt. Beobachte, was mit dem Draht geschieht und trage deine Beobachtungen in die Liste ein.

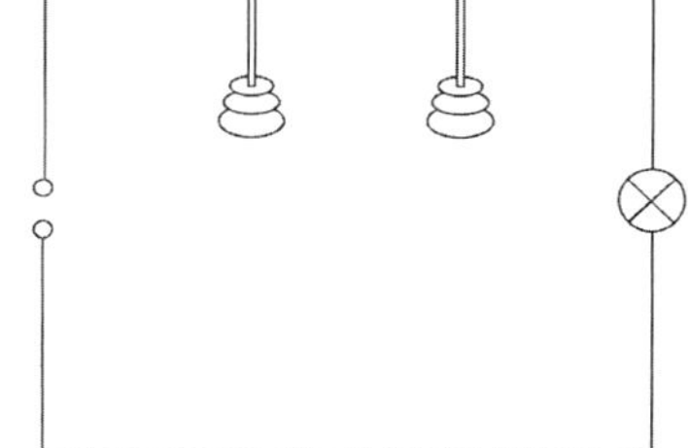

Spannung in Volt	Was geschieht mit dem Draht?

WEITERDENKEN ...

- ➔ Wo machen wir uns die Wärmewirkung des Stroms zunutze?
- ➔ Welche Gefahren ergeben sich durch die Wärmewirkung des Stroms?
- ➔ Wo machen wir uns die Lichtwirkung des Stroms zunutze?

TIPP für den Alltag:
Die Lebensdauer deines Handyakkus verlängerst du, indem du den Blitz an deiner Kamera ausstellst, auch wenn du sie gar nicht benutzt.

PHYSIK IM ALLTAG Täglich Naturwissenschaften erfahren – Bestell-Nr. 11 912

6.4 Die Wirkungen des elektrischen Stromes – Elektromagnetismus

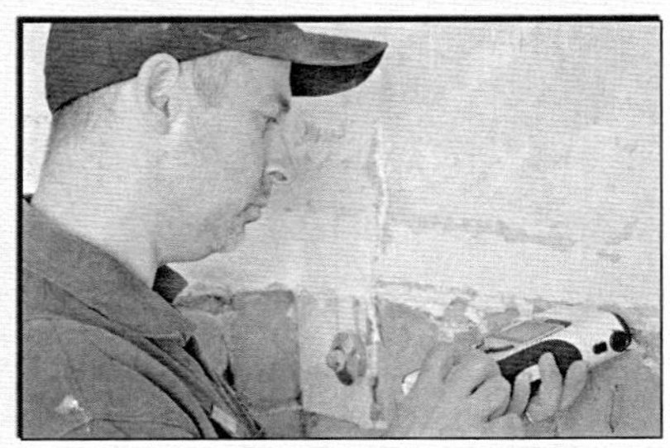

Herr Hansen möchte ein Regal im Keller aufhängen. Sein Sohn Timo sieht ihm ganz interessiert zu.

„Wenn wir das Loch für den Haken in die Wand bohren, müssen wir aufpassen, dass wir keine elektrische Leitung treffen“, sagt Herr Hansen.

„Und woher weißt du, wo die Leitungen liegen, Papa?“, fragt Timo.

„Ich habe hier einen Detektor für spannungsführende Leitungen. Damit werden wir die Stromkabel in der Wand schon finden.“

EA

Experiment:

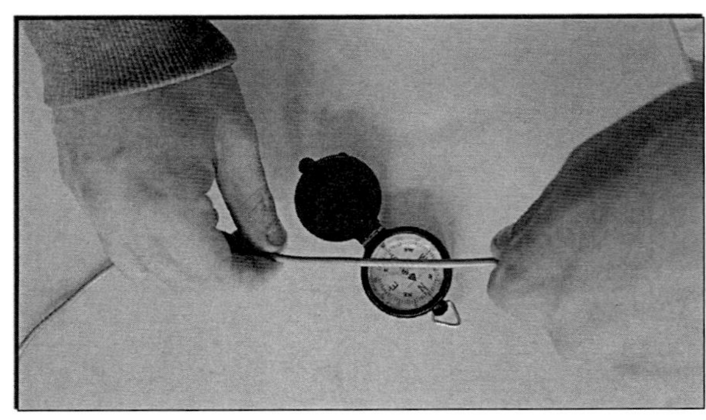

1. Stelle eine Kompassnadel dicht unter einen elektrischen Leiter (Grafik). Schalte das Netzgerät (6V) ein und beobachte, was passiert.
2. Vertausche an der Energiequelle die Pole und wiederhole den Versuch. Was stellst du fest?

EA

Aufgabe: *Überlege nun, wie das Messgerät funktionieren könnte.*

TIPP: Suche im Physikbuch oder im Internet nach den Begriffen *Mähroboter* und *Induktionsschleifen vor Ampeln*.

WEITERDENKEN ...

➔ Erkundige dich, wie ein selbstgesteuerter Mähroboter funktioniert.

➔ Wozu gibt es Induktionsschleifen vor Ampeln?

TIPP für den Alltag:
Lade den Akku für ein Handy oder einen Laptop immer nur zu 80 % auf, um so die Lebensdauer des Akkus zu verlängern.

PHYSIK IM ALLTAG – Täglich Naturwissenschaften erfahren ▪ Bestell-Nr. 11 912 – KOHL VERLAG

6.5 Der Elektromagnet

Der elektrische Strom hat einen großen Einfluss auf unser Leben. Dabei ist die elektromagnetische Wirkung des Stroms wichtig für viele unserer technischen Geräte.

Wenn elektrische Ladungsträger (Elektronen) durch einen elektrischen Leiter fließen, entsteht um den Leiter ein magnetisches Feld. Dieses Feld kann man zum Beispiel mit einem Kompass, den man in die Nähe des Leiters bringt, nachweisen.

Wird der gerade Leiter zu einer Schlaufe gebogen, so entsteht eine „Spule" mit nur einer Windung. Die eine Seite der Spule ist dann ein magnetischer Nordpol, die andere Seite ist der Südpol.

EA

Experiment 1:

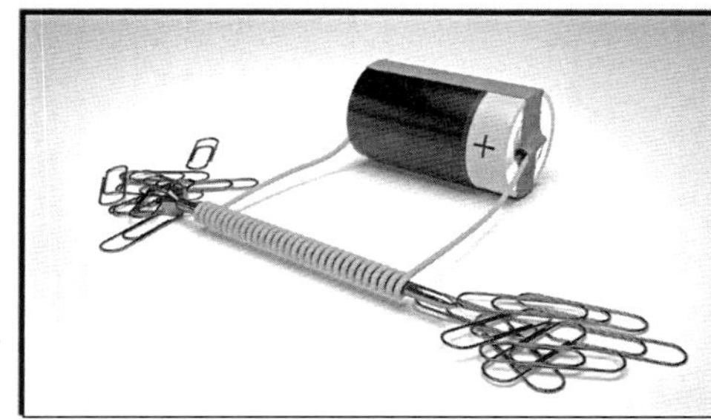

Wickele einen ca. ein Meter langen, lackierten Klingeldraht um einen dicken Eisennagel. Schließe diese Spule an einer 1,5 V-Batterie an. Versuche nun, Büroklammern damit anzuziehen.

EA

Experiment 2:

Benutze **1.** Spulen mit unterschiedlich vielen Windungen und **2.** unterschiedliche Spannungen und teste, wie man einen Elektromagneten verstärken kann.

EA

Aufgabe:

Beende die Sätze:

Je mehr Windungen die Spule hat, desto ...

____

Je höher die Spannung ist, desto ...

____

WEITERDENKEN ...

- ➔ Wie unterscheidet sich ein Elektromagnet von einem Dauermagneten?
- ➔ Wo werden Elektromagneten im Alltag eingesetzt?
- ➔ Warum darf man ein Stromkabel auf einer Kabeltrommel nicht aufgerollt lassen, wenn Strom durch das Kabel fließt?

TIPP für den Alltag:

Um zu testen, ob eine Batterie noch funktioniert, lass sie aus ca. 15 Zentimetern Höhe auf den Boden fallen. Wenn sie einmal abprallt und dann auf der Seite liegen bleibt, ist sie noch in Ordnung. Springt sie herum, ist sie entweder leer oder defekt.

PHYSIK IM ALLTAG
Täglich Naturwissenschaften erfahren – Bestell-Nr. 11 912

6.6 „Alternative“ Energiequellen

Das Umweltbundesamt gab auf seiner Internetseite bekannt, dass im Jahr 2015 in Deutschland 232.031 Tonnen (t) Altbatterien weggeworfen wurden. Nahezu alle Batterien enthalten umweltgefährdende Stoffe wie zum Beispiel Blei, Schwefelsäure, Cadmium oder Quecksilber.

Ein Teil dieser Batterien und ihrer Inhaltsstoffe kann recycelt werden. Das waren im Jahr 2015 immerhin 195.764 t. Doch es bleibt ein Rest hochgiftiger Substanzen über.

Daher sollten wir uns um Alternativen zu herkömmlichen Batterien bemühen. Zu diesem Zweck wurden wiederaufladbare Batterien, sogenannte Akkus (von Akkumulator – latein. „Sammler“), entwickelt. Sie können mehrfach verwendet werden und reduzieren so den Müllberg.

Wie du auch mit einfachen Hilfsmitteln Strom erzeugen kannst, kannst du in den Experimenten ausprobieren.

EA

Experiment 1:

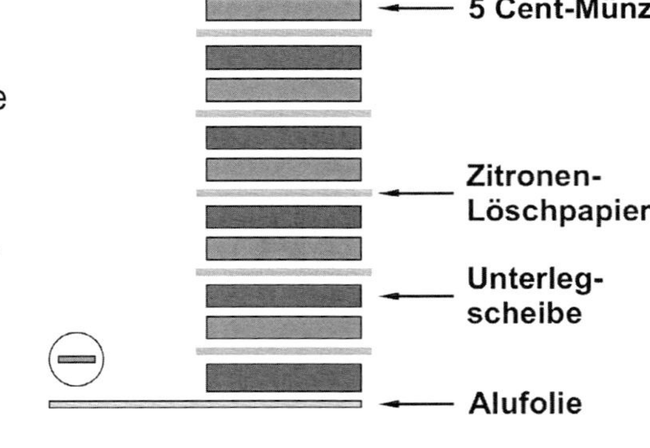

1. Nimm fünf 5-Cent-Münzen, fünf verzinkte Unterlegscheiben (so groß wie eine 5-Cent-Münze), fünf 2,5 x 2,5 cm große, mit Zitronensaft getränkte Stücke Löschpapier und ein 2,5 x 5 cm großes Stück Alufolie.
2. Baue aus diesen Dingen wie folgt einen „Batterieturm“ (von unten nach oben): Alufolie, Unterlegscheibe, Löschpapier, Münze, Unterlegscheibe, Löschpapier, Münze – wiederhole die letzten drei Schichten noch dreimal.
3. Verbinde nun die Alufolie und die oberste Münze mithilfe eines Kupferdrahtes mit einer LED. Beachte dabei, dass die oberste Münze der Pluspol ist.

EA

Experiment 2:

1. Stecke in einen Apfel einen Eisennagel und einen Kupfernagel oder -draht. Beide dürfen sich nicht – auch nicht im Apfel – berühren.
2. Verbinde die beiden Nägel mithilfe eines Kupferdrahtes mit einer LED. Beachte dabei, dass der Kupfernagel der Pluspol ist.

WEITERDENKEN ...

- ➔ Finde im Internet weitere „alternative“ Batterien und probiere sie aus. Beschreibe ihren Aufbau und gib dabei die Quelle an, wo du diese Batterieidee gefunden hast.
- ➔ Welche Vor- bzw. Nachteile haben „Akkus“ (wiederaufladbare Batterien) herkömmlichen Batterien gegenüber?
- ➔ Wie dürfen Batterien und Akkus nur entsorgt werden?
- ➔ Welche vernünftige Alternativen zum Batteriemüll gibt es?

TIPP für den Alltag:
Wenn man eine Batterie im Gefrierfach aufbewahrt, kann man ihre Lebensdauer verlängern.

PHYSIK IM ALLTAG
KOHL VERLAG

6.7 Wie kommt der Strom in die Steckdose?

Eine Welt ohne Strom können wir uns heute nicht mehr vorstellen. Kein Licht, kein Handy, kein Fernsehen – kein einziges technisches Gerät würde funktionieren ohne Strom.

Doch wo kommt der Strom, den wir täglich nutzen, her?
Aus der Steckdose? Und wie kommt er da rein?

Wie wir wissen, besteht der elektrische Strom aus fließenden Elektronen. Diese Elektronen müssen jedoch angetrieben werden, um zu fließen …

Eine Möglichkeit, wie man Elektronen zum Fließen bringen kann, ist ein Generator. Wie er funktioniert und wo er eingesetzt wird, soll nun geklärt werden.

EA **Aufgabe:** *Beantworte die Fragen in deinem Heft/in deinem Ordner.* 

a) Aus welchen Teilen besteht ein Generator?

b) Erkläre, wie ein Generator funktioniert.

c) Welche Stromart liefert der obere Generator (Bild rechts)?

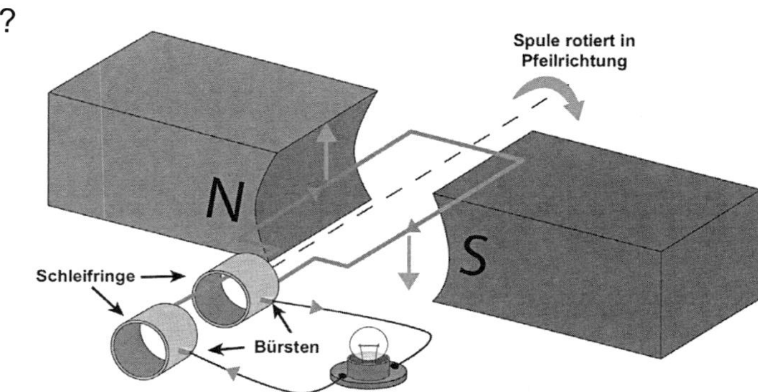

d) Wie entsteht der Gleichstrom beim unteren Generator (Bild rechts)?

e) Gib Beispiele an, wo Generatoren eingesetzt werden.

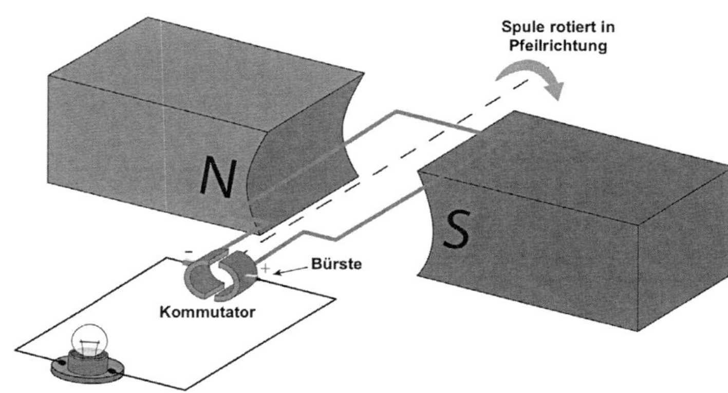

WEITERDENKEN …

- ➔ Wodurch werden Generatoren für die Stromerzeugung – zum Beispiel in Kraftwerken – angetrieben? Beschreibe den Einsatz der Generatoren so genau wie möglich.
- ➔ Erkläre, welche Aufgabe ein Kommutator in einem Generator hat.
- ➔ Gibt es auch andere technische Möglichkeiten, Gleichstrom zu erzeugen?

KOHL VERLAG PHYSIK IM ALLTAG Täglich Naturwissenschaften erfahren – Bestell-Nr. 11 912

6.8 Der Elektromotor

Elektromotoren prägen unseren Alltag in besonderer Weise. An und in unzähligen elektronischen Geräten sind Elektromotoren eingebaut. Oft ist uns das gar nicht bewusst: Vielleicht hast du eine elektrische Zahnbürste oder eine Spielekonsole mit DVD-Laufwerk. In welchen deiner technischen Geräte sind noch Elektromotoren zu finden?

Unsere Zukunft wird noch stärker von Elektromotoren geprägt sein, wenn sich die Elektromobilität erst einmal überall in Deutschland durchgesetzt haben wird. Dann fahren überall Autos mit Elektromotoren durch die Gegend.

Wie ein Elektromotor aufgebaut ist und wie er funktioniert, kannst du im folgenden Experiment herausfinden.

EA

Experiment:

Skizze 1

beim x liegt später der Draht auf

Büroklammer aufbiegen

1. Biege zwei Büroklammern so auf, wie in der Skizze 1 zu sehen ist.
2. Wickele einen 1,5 m langen Kupferlackdraht um einen runden Gegenstand, der einen Durchmesser von etwa 2,5 cm hat, um eine Spule anzufertigen. Der Draht soll nicht vollständig zur Spule gewickelt werden, sondern an den Enden bleiben jeweils 5 cm stehen (Skizze 2 – Mitte). Diese beiden Enden werden dann mit der Spule verknotet. <u>TIPP</u>: Damit die Knoten nicht verrutschen, kannst du sie mit einer Flachzange festziehen. Wichtig ist außerdem, dass sich die beiden Knoten auf einer Höhe befinden.

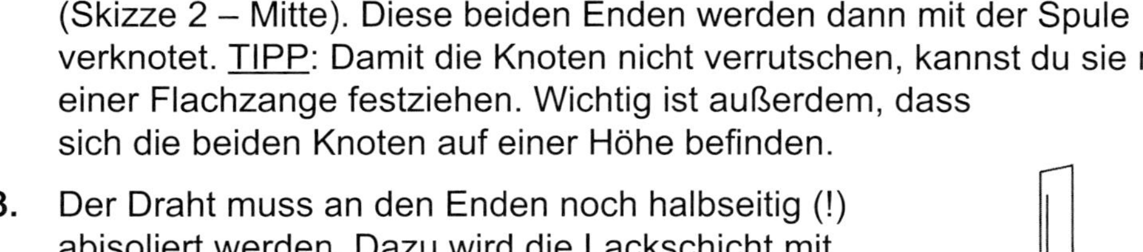

3. Der Draht muss an den Enden noch halbseitig (!) abisoliert werden. Dazu wird die Lackschicht mit einem Messer jeweils nur auf der Oberseite von jedem Ende abgeschabt.
4. Befestige die Büroklammern an den Polen der Batterie (mit Klebeband oder indem du die Batterie und die Büroklammern in eine Batteriehalterung klemmst).

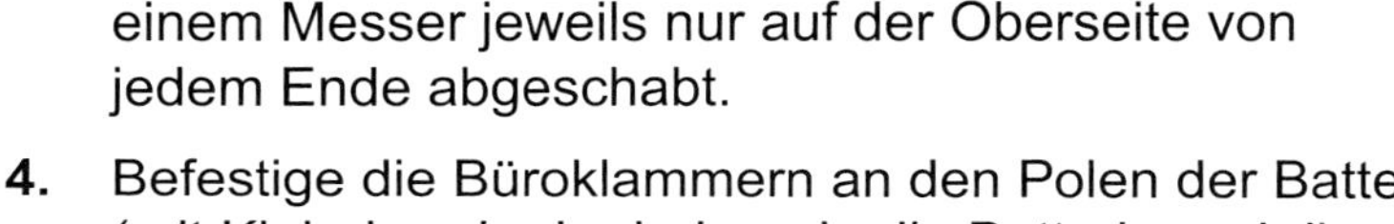

5. Lege nun die Spule in die Halterung wie in Skizze 2 zu sehen ist.
6. Setze die Spule von Hand in Bewegung, um zu überprüfen, ob sie richtig sitzt. Dreht sich die Spule nicht gleichmäßig, befinden sich die Knoten nicht auf der gleichen Höhe. Zudem muss sich die Spule knapp über dem Magneten bewegen, andernfalls müssen die Büroklammern entsprechend gekürzt oder gebogen werden.

Skizze 2

Spule aus Kupferdraht

Dauermagnet

1,5 V-Batterie (AA)

Büroklammern mit Klebeband festkleben oder in einer Batteriehalterung einklemmen

<u>TIPP</u>: Ein Video vom laufenden Motor kannst du hier sehen: *https://www.youtube.com/watch?v=CfK14biJeKs*

WEITERDENKEN ...

➔ Aus welchen Teilen besteht ein Elektromotor?

➔ Beschreibe mit Hilfe der Skizze, wie ein Elektromotor funktioniert. Welche Aufgabe hat dabei der Kommutator?

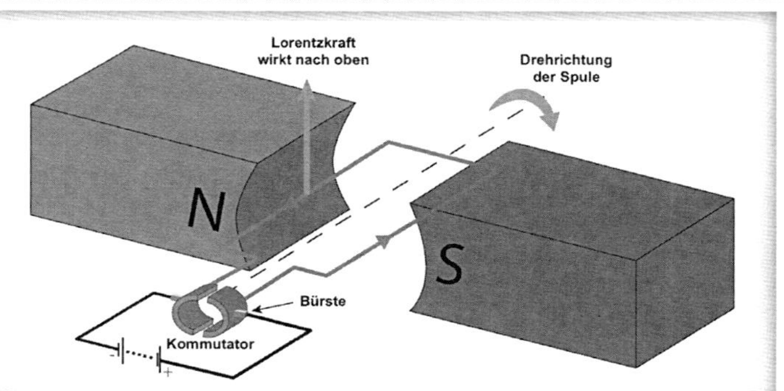

PHYSIK IM ALLTAG
KOHL VERLAG

6.9 Handyakku laden, aber richtig!

Stundenlang am Handy gewesen und – plopp – Akku leer, nix geht mehr! Der Akku im Handy muss also aufgeladen werden. Netzteil in Steckdose stecken und los geht´s. Und nach einiger Zeit ist der Akku wieder voll und das Handy wieder einsatzfähig.

Netzteile gibt es nicht nur für Handys, sondern auch für eine Vielzahl anderer elektrischer Geräte. Mal sieht man sie, mal sind sie im Gerät integriert und somit „verborgen".

Woraus besteht ein solches Netzteil? Und was würde passieren, wenn man ein Handy oder ein anderes elektronisches Gerät direkt an die Steckdose anschließt?

Im Experiment kannst du herausfinden, welche Aufgabe ein Netzteil hat.

EA

Aufgabe: *Beantworte die Fragen in deinem Heft/in deinem Ordner.*

a) Überlege, welche Spannung in einer normalen Steckdose anliegt. Sieh nun auf deinem Handyakku nach, welche Spannung er verträgt.

b) Welche Aufgabe hat das Netzteil?

Achtung! Warnhinweis:

Die Anweisungen für dieses Experiment sind unbedingt zu befolgen, da sonst hohe und gefährliche Spannungen entstehen können!

EA

Experiment:

Feldspule (Primärspule)
Eisenkern
Induktionsspule (Sekundärspule)

1. Baue einen Transformator aus zwei Spulen und einem Eisenkern auf (s. Skizze).

2. Die Primärspule (Feldspule) soll 1200 Windungen haben. Sie wird an ein Netzgerät mit 6 V Wechselspannung angeschlossen.

3. Verwende als Sekundärspule (Induktionsspule) verschiedene Spulen, wie in der Tabelle angegeben.

4. Miss jeweils die Spannung an der Induktionsspule und trage sie in die Tabelle ein. Was stellst du fest?

Spannung U_1 an Feldspule	Anzahl Windungen Feldspule	Anzahl Windungen Induktionsspule	Spannung U_2 an Induktionsspule
6 V ~	600	1200	
6 V ~	600	600	
6 V ~	600	300	
6 V ~	600	150	
6 V ~	1200	600	
6 V ~	300	600	

WEITERDENKEN ...

➔ Entwickle mit Hilfe der Werte und deiner Messwerte aus dem Experiment eine Formel, mit der du die Ausgangsspannung (Ausgang des Netzteils) berechnen kannst.

➔ Wovon hängt die Ausgangsspannung neben den Windungszahlen der Spulen noch ab?

➔ Erkundige dich, wie ein Transformator funktioniert. Gib das Prinzip in eigenen Worten wieder.

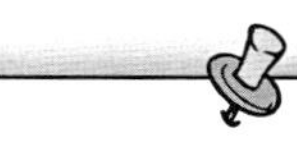

TIPP für den Alltag:

Wenn der Akku deines Handys fast leer ist und du es aber später noch dringend brauchst, stelle es nicht aus, sondern in den Flugmodus. Das Aus- und Einschalten verbraucht mehr Strom, als wenn du es im Flugmodus anlässt.

PHYSIK IM ALLTAG
Täglich Naturwissenschaften erfahren – Bestell-Nr. 11 912
KOHL VERLAG

6.10 Glühlampe, Energiesparlampe oder LED-Lampe?

Energiesparen ist eines der großen Themen heutzutage.

Der Grund hierfür ist: Je mehr Technik eine Gesellschaft verwendet, desto mehr ist sie auf Energie angewiesen.

Tagtäglich verbraucht jeder von uns eine Menge Energie, zum Beispiel in Form von Strom für Licht, beim Kochen, für Multimedia und Computer, Strom zum Aufladen von Akkus für Handys, Kraftstoff für das Auto oder Motorrad und im Winter Brennstoffe zum Heizen ...

Beim Energiesparen geht es nicht nur um Kosteneinsparung, sondern vor allem auch um die Schonung von natürlichen Energieressourcen. Je mehr Energie wir sparen und je weniger wir davon verschwenden, desto weniger belasten wir unsere Umwelt.

Dabei können vor allem auch Lampen und Leuchtmittel helfen.

EA

Aufgabe: *Informiere dich über die drei unterschiedlichen Arten der Lichterzeugung und fülle die Tabelle aus.*

	Gühlampe	Energiesparlampe	LED-Lampe
Funktionsweise / Bestandteile			
Lichtausbeute (Lumen pro Watt – lm/W)			
Lebensdauer			
Preis für vergleichbare Lampen (Lumen – lm)			
Stromverbrauch			
Energiespareffekt verglichen mit einer Glühlampe			
mögl. Umweltgefahren			

WEITERDENKEN ...

- ➔ Wie bewertest du die einzelnen Lampenarten?
- ➔ Welche Lampenart würdest du kaufen und warum?

TIPP für den Alltag:
LED-Lampen ziehen weit weniger Insekten an als alle anderen Lampenarten.

6.11 Kochen mit Magnetismus – der Induktionsherd

Seit der Steinzeit kocht der Mensch – zunächst auf Holzfeuern, später mit Kohle oder Koks, wieder später mit Gas. In der Neuzeit nutzt er Strom zum Kochen.

Beim Kochen mit Strom kommen zwei verschiedene Prinzipien zur Anwendung:

Klassisch verwendet man die Wärmewirkung des Storms, indem ein stromdurchflossener Leiter in Form einer „Heizwendel" erhitzt wird. Beispiele hierfür sind Tauchsieder oder der Elektroherd/Ceranherd.

Inzwischen kann auch die magnetische Wirkung des Stroms eingesetzt werden, um damit zu kochen. Ein Beispiel dafür ist der Induktionsherd.

Wie das „Kochen" mit Magnetismus funktioniert, kannst du im Experiment sehen.

EA

Experiment:

Hochstromtransformator mit Schmelzrinne

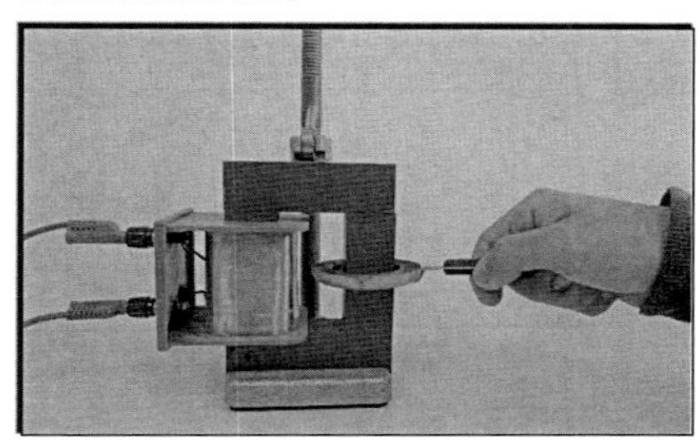

1. Baue einen Transformator wie im Bild rechts zu sehen zusammen. Die Spule links hat 500 Windungen und wird an eine Sicherheitssteckdose (230V / 50 Hz) angeschlossen.
2. Gib in die Schmelzrinne rechts zunächst Wasser und beobachte, was passiert, wenn der Strom eingeschaltet wird.
3. Gib als nächstes Lötzinn in die Rinne. Beobachte, was mit dem Lötzinn passiert, wenn der Strom eingeschaltet wird. Was kannst du daraus schließen?

Achtung! Warnhinweis:

Dieses Experiment darf nur von einer Lehrkraft vorgeführt werden (hohe Hitzeentwicklung und Spannung!).

EA

Aufgabe: *Erkläre deine Beobachtungen aus dem Experiment.*

TIPP: Suche im Physikbuch oder im Internet nach den Begriffen *Induktionsherd* und *Induktion in der Technik*.

WEITERDENKEN ...

- ➔ Welches Kochgeschirr muss man verwenden, wenn man auf einem Induktionsherd kochen will?
- ➔ Wie sind derartige Kochgeschirre gekennzeichnet?
- ➔ Welche Vor- und Nachteile hat ein Induktionsherd?
- ➔ Wo wird das Prinzip der Induktion in der Technik noch angewendet? Finde Beispiele.

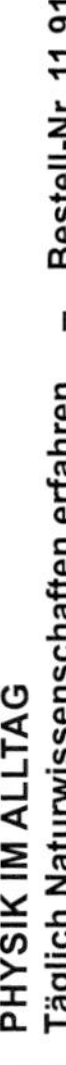

7 Mechanik

7.1 Kinder mit Superkräften oder doch „nur“ Physik?

Wie ist es möglich, dass sich selbst kleine Kinder an einem Hochziehturm hochziehen können? Sind sie besonders stark? Oder sind es die Kinder von Superman?

Nein. Hinter ihrer scheinbar grenzenlosen Stärke steckt Physik. Einen Einblick in das „Innenleben“ eines Hochziehturms bekommst du in der Phänomenta Lüdenscheid (*https://www.suedwestfalen.com/freizeit-urlaub/schoeneausfluege/sehenswerte-orte-in-suedwestfalen-teil-9-phaenomenta-luedenscheid* oder *http://phaenomenta.de/luedenscheid/*).

Mit dem Experiment kannst du herausfinden, wie ein so genannter Flaschenzug funktioniert und was der große Vorteil eines Flaschenzugs ist.

EA

Experiment:

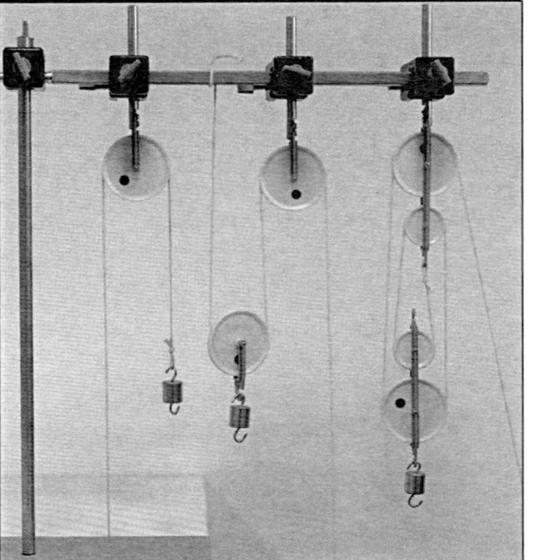

1. Baue eine feste Rolle – wie ganz links im Bild – auf und hänge ein Wägestück daran. Miss mit einem Federkraftmesser die Gewichtskraft.
2. Baue als nächstes eine lose Rolle – wie in der Mitte des Bildes – auf und hänge ein Wägestück daran. Miss mit einem Federkraftmesser die Gewichtskraft.
   Wie viele gleich schwere Wägestücke musst du an die lose Rolle hängen, um die gleiche Gewichtskraft zu messen?
3. Baue zuletzt einen Flaschenzug – wie rechts im Bild – auf und hänge ein Wägestück daran. Miss mit einem Federkraftmesser die Gewichtskraft.
   Wie viele gleich schwere Wägestücke musst du an den Flaschenzug hängen, um die gleiche Gewichtskraft zu messen?

EA

Aufgabe: *Beantworte die Fragen in deinem Heft/in deinem Ordner.*

a) Kannst du mit Hilfe deiner Messergebnisse aus dem Experiment eine Formel entwickeln, wie sich die gemessene Gewichtskraft mit der Anzahl der tragenden Seile (Seile, die von den losen Rollen ausgehen) verändert?

b) Wiederhole das Experiment und miss bei jedem der drei Aufbauten, wie hoch du das Wägestück ziehst (Hubweg) und wie viel Seil du zum Ziehen (Zugweg) dafür benötigst. Was fällt dir auf?

TIPP: Suche im Physikbuch oder im Internet nach dem Begriff *Flaschenzug*.

WEITERDENKEN ...

- ➔ Wer hat den Flaschenzug erfunden?
- ➔ Wo werden Flaschenzüge heute noch eingesetzt?
- ➔ Finde heraus, mit welcher Formel man die verrichtete Arbeit berechnet.
- ➔ Ein Gewicht von 1000 g wird mit einer festen Rolle 10 cm hochgezogen. Rechne nach, ob man mit einem Flaschenzug mit vier tragenden Seilstücken Arbeit sparen kann?

PHYSIK IM ALLTAG
KOHL VERLAG

7.2 Abheben für Anfänger …

Der Boden bebte. Tom hörte ein entferntes Grollen. Feuersäulen schossen in den dunklen Abendhimmel empor. Tom starrte wie gebannt auf die Startrampe der Rakete. Langsam löste sich die Verankerung und die Rakete hob ab. Wie in Zeitlupe sah Tom das riesige Ungetüm in den Himmel aufsteigen. „Wie ´ne Silvesterrakete, nur in Groß“, lachte er.

Mit den Experimenten kannst du herausfinden, wie Raketen angetrieben werden und wo nach dem gleichen Prinzip noch Fortbewegung entsteht.

EA

Experiment 1:

1. Fädele durch einen Strohhalm einen dünnen Draht oder Faden.
2. Spanne den Faden zwischen zwei Tische oder Stühle, die in 3 – 4 Metern Abstand im Klassenraum stehen.
3. Blase einen Luftballon auf, halte die Öffnung zu und klebe ihn mit einem Klebestreifen an den Strohhalm.
   Was stellt du beim Loslassen fest?

EA

Experiment 2:

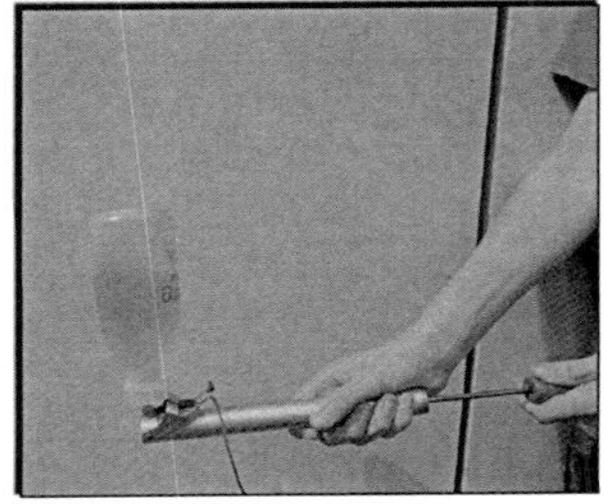

1. Schneide von einer Spritzflasche die Spitze so ab, dass ein Fahrradventil hineinpasst und festsitzt.
2. Fülle die Flasche etwa bis zur Hälfte mit Wasser.
3. Pumpe mit einer Luftpumpe so lange Luft in die Flasche, bis sie sich vom Ventil löst.
   Was geschieht dann?

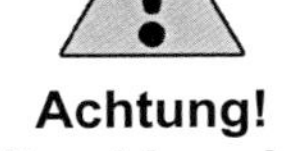

Achtung! Warnhinweis:

Führe das Experiment 2 nur im Freien durch. Du kannst dabei nass werden.

EA

Experiment 3:

1. Schneide aus Styropor die Form eines Schiffrumpfes aus.
2. Aus dem Heck (hinteres Ende des Bootsrumpfes) schneidest du mittig einen Teil, sodass eine Fotodose oder ein Überraschungsei hineingesteckt werden kann.
3. Mache in den Deckel der Fotodose/Ü-Ei nahe am Rand ein kleines Loch, das später unter Wasser sein wird.
4. Fülle die Fotodose/das Ü-Ei halb mit Wasser und gib eine halbe Brausetablette hinein. Verschließe die Dose/das Ei und halte das Loch zu.
5. Setze die Dose/das Ei in den Bootsrumpf ein und das Boot ins Wasser. Was passiert?

EA

Aufgabe: *Erkläre für alle drei Versuche, wie die Vorwärtsbewegung zustande kommt.*

WEITERDENKEN …

- ➔ Finde weitere Bespiele, bei denen durch Rückstoß Antrieb erzeugt wird.
- ➔ Wieso fliegt das Hovercraft (Kasten rechts) nicht weg, sondern schwebt über dem Boden?

Baue dein eigenes Hovercraft („Luftkissenboot“)

1. Klebe den Verschluss einer Trinkflasche („Sportdrink“) in die Mitte über das Loch einer CD.
   TIPP: Achte darauf, dass der Rand luftdicht ist (Heißkleber kann u.U. besser abdichten).
2. Blase einen Luftballon auf und befestige ihn mit einem Gummiband über dem Trinkflaschenverschluss.
3. Öffne nun vorsichtig den Stöpsel des Verschlusses ein wenig.
   TIPP: Achte auf einen möglichst glatten Untergrund. Was geschieht, wenn du die CD anstupst?

KOHL VERLAG Lernen mit Erfolg
PHYSIK IM ALLTAG
Täglich Naturwissenschaften erfahren – Bestell-Nr. 11 912

7.3 Knack die Nuss!

Was haben eine Balkenwaage, ein Nussknacker, eine Kneifzange und eine Sackkarre gemeinsam?

Bei all diesen Dingen handelt es ich um einen Hebel. Als Hebel bezeichnet man in der Physik jede starre Stange, die sich um einen festen Punkt drehen kann.
Hebel können uns im Alltag hilfreich sein und einige „Handgriffe“ erleichtern.

Im Experiment und in den Aufgaben kannst du die Gesetzmäßigkeiten hinter dem Hebel entdecken und lernst, verschiedene Arten von Hebeln zu unterscheiden.

EA

Experiment:

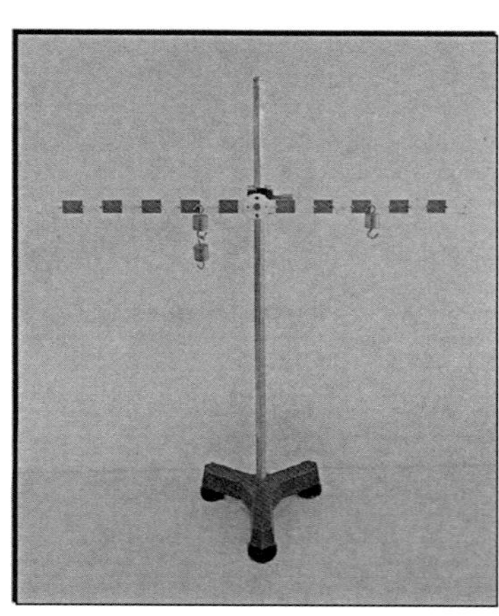

1. Baue eine Balkenwaage wie im Bild auf.
2. Hänge auf die eine Seite der Waage ein oder mehrere gleich schwere Gewichtsstücke. Wie kannst du die Waage ins Gleichgewicht bringen?
3. Wiederhole den Versuch mit einer unterschiedlichen Anzahl an gleich schweren Gewichtsstücken und mit unterschiedlichen Positionen (Abständen zum Drehpunkt), an denen du sie aufhängst.

EA

Aufgabe: *Beantworte die Fragen in deinem Heft/in deinem Ordner.*

a) Kannst du eine Gesetzmäßigkeit feststellen?

b) Formuliere das „Hebelgesetz“.

WEITERDENKEN ...

➔ Einen dicken Eisennagel kannst du mit einer Kneifzange nicht zerschneiden – mit einem Bolzenschneider gelingt das ganz leicht. Erkläre, wieso das so ist.

➔ Schreibe die Sätze ab und ergänze die Lücken.

1. Bei einem zweiseitigen Hebel befindet sich der Drehpunkt ... den beiden Hebelarmen.
2. Bei einem einseitigen Hebel befinden sich ... auf derselben Seite des Drehpunktes.

➔ Finde weitere Beispiele für Hebel. Gib jeweils an, ob es sich um einen einseitigen oder einen zweiseitigen Hebel handelt.

➔ Beschrifte jeden der Hebel mit „einseitig“ oder „zweiseitig“ und zeichne in den Skizzen ein:

a – den Drehpunkt, **b** – die beiden Hebelarme (Kraftarm und Lastarm)

c – die aufgewendete Kraft und die resultierende Kraft (als Pfeile)

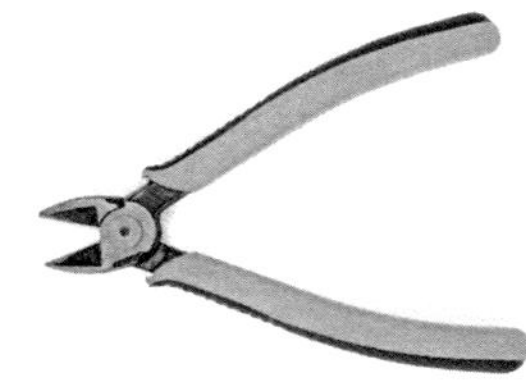

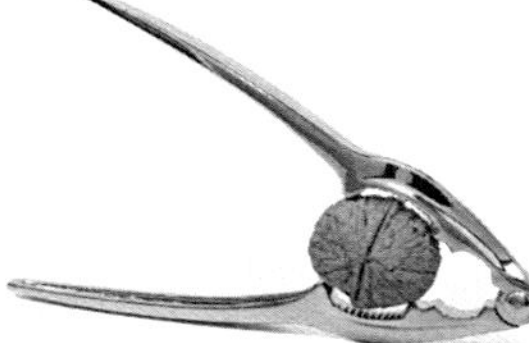

8 Elektrostatik

8.1 Was haben ein Laserdrucker und abstehende Haare gemeinsam?

Im Mittelalter konnten die Menschen längst noch nicht alle lesen und schreiben. Diese Fertigkeiten verbreiteten sich erst langsam in Europa. Sollten Texte vervielfältigt werden, so mussten Personen, die des Schreibens mächtig waren, diese Texte per Hand abschreiben. Das dauerte oft sehr lange und daher waren Bücher zu dieser Zeit sehr teuer.

Mit der Erfindung des Buchdrucks im 15. Jahrhundert sanken die Kosten für Bücher enorm und sie verbreiteten sich rasch. Das begünstigte auch das Lernen des Lesens und Schreibens. Beim Buchdruck mit beweglichen Lettern wird jeder einzelne Buchstabe als Ganzes gedruckt. Nachdem ein Text Zeichen für Zeichen zusammengestellt und dann abgedruckt war, musste die gesamte Druckplatte wieder auseinander genommen werden.

Nadeldrucker druckten in den 1980er-Jahren einen Text bzw. ein Bild zeilenweise. Dabei ist jeder Buchstabe aus einzelnen Punkten aufgebaut, die gedruckt werden. Für jeden Punkt drückt die Nadel einmal ein Farbband auf das Papier.

Bei einem Tintenstrahldrucker werden Texte und Bilder ebenfalls zeilenweise aufgebaut. Jeder Buchstabe besteht dabei jedoch aus vielen einzelnen Farbtröpfchen, die auf das Papier gesprüht werden.

Ein moderner Laserdrucker funktioniert nach einem anderen Prinzip. Er nutzt unter anderem die Elektrostatik, um Farbe auf das Papier zu bringen.

EA

Experimente:

1. Reibe einen Kunststoffstab mit einem Wolltuch oder Tierfell. Halte den geriebenen Stab dicht über kleine Papierschnipsel oder Konfetti. Was stellst du fest?
   TIPP: Achte darauf, dass der geriebene Stab nichts berührt, auch nicht die Tischplatte!
2. Reibe eine Folie (z. B. Kopierfolie oder OHP-Folie) mit einem Wolltuch.
   Versuche nach dem Reiben, Ruß oder gemahlenen Pfeffer mit der Folie anzuziehen.
   TIPP: Achte darauf, dass die geriebene Folie nichts berührt, auch nicht die Tischplatte!
3. Reibe einen Luftballon an deinen Haaren (am besten funktioniert es mit frisch gewaschenen Haaren). Zieh den Ballon vom Kopf weg. Was beobachtest du?
   Nimm nun eine Glimmlampe und halte sie an den Luftballon. Was geschieht?
   TIPP: Achte darauf, dass der geriebene Ballon nur die Glimmlampe berührt!

EA

Aufgabe: *Beantworte die Fragen in deinem Heft/in deinem Ordner.*

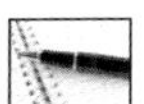

a) Was sagt dir das Ergebnis des dritten Experiments über den geriebenen Ballon und somit auch über die Folie und den Kunststoffstab nach dem Reiben?

b) Erkläre die beiden ersten Experimente in eigenen Worten.

TIPP: Suche im Physikbuch oder im Internet nach dem Begriff *Funktionsweise eines Laserdruckers.*

WEITERDENKEN ...

- ➔ Erkundige dich, wie ein moderner Laserdrucker die Statik nutzt, um Farbe aufs Papier zu bringen.
- ➔ Wo kommt es im Alltag noch zu statischen Aufladungsprozessen?
- ➔ Wie verhindert man statische Aufladung z. B. in der Industrie oder beim Auto?

KOHL VERLAG PHYSIK IM ALLTAG Täglich Naturwissenschaften erfahren – Bestell-Nr. 11 912

9 Thermodynamik

9.1 Wieso ein See so zufriert, wie er zufriert …

Wieso bildet sich im Winter eine Eisdecke an der Oberfläche eines Sees?

Festes Wasser (Eis) ist leichter als flüssiges. Das ist anders als bei anderen Stoffen wie z.B. Wachs. Wäre Eis schwerer als flüssiges Wasser, würde es in einem See beim Frieren absinken und es gäbe keine Eisschicht an der Oberfläche.

4 °C kaltes Wasser ist am schwersten und sinkt daher auf den Grund des Sees. Dabei bleibt es jedoch flüssig. Das ist zwar gut für die Fische, die am Grund eines Sees gut überwintern können, s selbst wenn dieser an der Oberfläche zufriert, erklärt es diese Besonderheit des Wasser allerdings nicht.

Es gibt einen physikalischen Grund, weswegen ein See so zufriert, wie er zufriert … Dieses Phänomen kannst du mit den Experimenten erforschen.

EA

Experiment 1:

1. Nimm ein Becherglas aus dem Chemieunterricht oder ein anderes zylinderförmiges (!) Glas und fülle es mit 200 ml (das entspricht 200 g) Wasser.
2. Mach einen wasserfesten „Eichstrich" an das Glas, wie hoch das Wasser im Becherglas steht.
3. Friere das Wasser ein, sodass es vollständig durchgefroren ist. Markiere am Glas, wie hoch das Eis ist. Was stellst du fest?

EA

Aufgabe 1: *Beantworte die Fragen in deinem Heft/in deinem Ordner.*

a) Berechne die Dichte des Wassers mit der Formel

$\rho = \frac{m}{V}$; Dichte = Masse geteilt durch das Volumen.

TIPP: Achte darauf, dass du das Volumen des Wassers im Becher vor dem Einfrieren in cm^3 berechnest. Dann teilst du die Masse des Wassers (200 g) durch das errechnete Volumen.

b) Berechne nun die Dichte des Eises in gleicher Weise. Was stellst du fest?

EA

Experiment 2:

Wirf einen Eiswürfel, einen Styroporwürfel (2 cm), einen Kieselstein (2 cm) und einen Würfel aus Metall (2 cm) ins Wasser. Was stellst du fest?

Aufgabe 2: *Wie hängt die Dichte der Würfel mit der Eigenschaft, schwimmen zu können, zusammen?*

WEITERDENKEN …

- ➔ Warum sollte man gefüllte Getränkeflaschen nicht lange ins Gefrierfach legen?
- ➔ Eine Dose Cola geht im Wasserbad unter – eine gleich große Dose Cola light schwimmt. Stimmt diese Aussage: Wenn ja, erkläre wieso das so ist?

9.2 Doppelt hält besser ... warm!

Warum friert ein Eisbär in Schnee und Eis nicht? Wegen seines dicken Fells, wirst du sagen.

Ja, aber das reicht nicht aus. Hätte ein Eisbär ein Fell aus Haaren wie wir Menschen, würde er bei den arktischen Temperaturen von bis zu minus 60 Grad trotzdem erfrieren.
Das Geheimnis der Eisbären liegt in jedem einzelnen Haar ihres Fells.

Wie ein Eisbärenfell funktioniert und wie du dich mit dem Wissen darüber warm halten kannst, erfährst du durch das Experiment.

EA

Experiment:

1. Nimm drei eingefrorene Kühlakkus. Wickele den ersten in zwei Schichten Luftpolsterfolie (Knallerbsenfolie), den zweiten in Luftpolsterfolie, aus der du die Luft rausgedrückt hast (alternativ in Doppellagen normaler Frischhaltefolie), und den dritten Akku lässt du uneingepackt.
2. Warte einen Moment und teste mit der Hand, wie kalt sich die drei Akkus anfühlen. Welcher ist am kältesten?
3. Überprüfe dein Gefühl, indem du mit einem Thermometer an der Außenseite der Akkus die Temperatur misst.

EA

Aufgabe:

Beantworte die Fragen in deinem Heft/in deinem Ordner.

a) Erkläre das Ergebnis des Experiments in eigenen Worten.

b) **Die Haare des Eisbärfells sind innen hohl.**
Erkläre nun, warum der Eisbär selbst bei extremen Temperaturen nicht friert.

c) Wie können wir das Wissen aus dem Experiment für uns im Winter nutzen, um nicht zu frieren?

WEITERDENKEN ...

➔ Finde Beispiele aus dem Alltag, in denen Wärme durch Isolation erhalten oder abgehalten wird.

➔ Finde heraus, was gute und was schlechte Wärmeleiter sind.

PHYSIK IM ALLTAG
Täglich Naturwissenschaften erfahren – Bestell-Nr. 11 912
KOHL VERLAG

10 Lösungen

1 Sicherheit im Alltag

1.1 Warnzeichen und Gefahrensymbole

Aufgabe: Der Reihe nach:

a)	Allgemeines Warnzeichen	Explosionsgefahr	Radioaktivität	Kälte/niedrige Temperatur
b)	allgemeine Warnung	Verletzungen/Tod durch Explosion	radioaktiv verstrahlt zu werden	Erfrierungen
a)	elektrische Spannung	feuergefährliche Stoffe	Gift	Laserstrahl
b)	Stromschlag	Verbrennungen / Feuer	Vergiftung	Verbrennungen / Erblinden

1.2 EU-Gefahrstoffsymbole

Aufgabe: Der Reihe nach:

a)	gesundheitsgefährdend	Explosionsgefahr	feuergefährliche Stoffe	komprimierte Gase
b)	Kontakt vermeiden, Hände waschen, Augen, Haut und Atemwege schützen, bei der Arbeit nicht essen oder trinken	Abstand halten, Feuer in der Nähe vermeiden	Feuer in der Nähe vermeiden, Löschmittel bereithalten	Spontane Temperatur- oder Druckänderungen vermeiden, bei tiefkalten Gasen Arbeitsschutz tragen
a)	ätzend	giftig	gesundheitsschädlich	umweltgefährdend
b)	Kontakt vermeiden, Hände waschen, Augen, Haut und Atemwege schützen, bei der Arbeit nicht essen oder trinken	Stoff nicht einatmen oder verschlucken	Kontakt vermeiden, Hände waschen, Augen, Haut und Atemwege schützen, bei der Arbeit nicht essen oder trinken	vermeide, dass die Stoffe in die Umwelt gelangen, besonders lagern bzw. aufbewahren, sachgerecht entsorgen

1.3 Gebotszeichen – Sicherheitszeichen im Alltag

Aufgabe: Der Reihe nach:

a)	allgemeines Gebotszeichen	Gebrauchsanweisung beachten	Gehörschutz benutzen	Augenschutz benutzen
b)	allgemeine Gefährdung in diesem Bereich	unsachgemäßer Umgang mit Maschinen oder Werkzeugen	Hörschädigung oder -verlust	Schädigung der Augen durch z.B. Späne oder Flüssigkeiten
a)	vor Benutzung erden	Netzstecker ziehen	Fußschutz benutzen	Kopfschutz benutzen
b)	Stromschlag	Stromschlag, plötzliches Anspringen der Maschine	Quetschungen	Kopfverletzungen, z. B. herabfallende Gegenstände

1.4 Lärm macht krank – Lärmschutz im Alltag

Aufgabe 4:

Gefahr?	Situation bzw. Schallquelle	Entfernung zur Schallquelle	Lautstärke in dB(A)
rot	Schmerzschwelle	am Ohr	**134**
rot	Flugzeug	100 m	**120**
rot	Hörschäden bei kurzer Einwirkung	am Ohr	**120**
rot	Diskothek	am Ohr	**100**
gelb	Hörschäden bei längerer Einwirkung	am Ohr	**85**
gelb	Auto (PKW)	10 m	**60–80**
grün	Fernseher auf Zimmerlautstärke	1 m	**60**
grün	sprechender Mensch	1 m	**40–60**
grün	Flüstern	1 m	**30**
grün	Hörschwelle (wir hören nichts)	am Ohr	**0**

Weiterdenken...

➔ Überall da, wo Lärm entsteht, sollte man sich schützen.

➔ Lärmquellen meiden, ggf. Lärmschutz tragen (Ohropax, Finger in die Ohren stecken), Musik beim Hören nur auf Zimmerlautstärke stellen

1 Sicherheit im Alltag

1.5 Wie achtlos weggeworfener Müll gefährlich werden kann

Aufgabe:

a) Eine Lupe ist eine Sammellinse.

b) Der Brennpunkt ist der Punkt, in dem eine Sammellinse alle durch sie fallenden Lichtstrahlen bündelt. Im Brennpunkt kann dadurch so viel Hitze entstehen, dass damit etwas verbrannt werden kann.

c) Es gibt Streulinsen.

d) Weil eine Streulinse keinen Brennpunkt besitzt und das Licht nicht in einem Punkt bündelt, sondern zerstreut.

Weiterdenken ...

➔ Keinen Müll liegen lassen, vor allem kein Glas und nichts mit einer spiegelnden Oberfläche (Folien, Metalle).

➔ Die Sonneneinstrahlung ist im Winter zu gering.

➔ z.B. mit einem Hohlspiegel.

1.6 Sicher in der Dämmerung – Was ziehe ich am besten an?

Experiment 1:

Oberfläche	weißes Papier	gelbes Papier	rotes Papier	matt-schwarzes Papier	Spiegel	Reflektor
Skizze						
Was geschieht mit dem Licht, nachdem es auf die Oberfläche getroffen ist?	**Das Licht wird in alle Richtungen geworfen.**	**Nur der gelbe Anteil des Lichts wird in alle Richtungen geworfen.**	**Nur der rote Anteil des Lichts wird in alle Richtungen geworfen.**	**Das Licht wird nicht zurückgeworfen – es wird „geschluckt".**	**Das Licht wird nur in eine Richtung zurückgeworfen.**	**Das Licht wird nur in die Richtung, aus der es kam, zurückgeworfen.**
Aus welcher Richtung ist der Gegenstand sichtbar?	**Der Gegenstand ist aus allen Richtungen sichtbar.**	**Der Gegenstand ist aus allen Richtungen sichtbar.**	**Der Gegenstand ist aus allen Richtungen sichtbar.**	**Der Gegenstand ist nicht sichtbar.**	**Der Gegenstand ist nur aus dieser Richtung sichtbar.**	**Der Gegenstand ist nur aus dieser Richtung sichtbar.**
Fachbegriff	**Streuung**	**Streuung**	**Streuung**	**Absorption**	**Reflektion**	**Reflektion**

Experiment 2: Die hell gekleidete Person ist besser zu erkennen als die dunkel gekleidete. Auch bei 15 Metern Abstand sind die Reflektoren noch gut zu sehen.

Weiterdenken ...

➔ Die Kleidung sollte möglichst helle Farben haben und mit Reflektoren, z.B. als Streifen versehen sein.

➔ Warnwesten, Baustellenfahrzeuge, Verkehrsschilder, Absperrbänder bei Baustellen, Fahrbahnmarkierungen ...

1.7 Sicher in der Dämmerung – Wie ein Reflektor funktioniert

Experiment: Im 1. Experiment wird das Licht im selben Winkel, in dem es auf den Spiegel fällt, wieder zurückgeworfen. Kommt das Licht von links, wird es nach rechts wieder abgestrahlt.
Bei den 2. und 3. Experimenten wird das Licht in dieselbe Richtung zurückgeworfen, aus der es kam. Das funktioniert beim 2. Experiment nur in der horizontalen Ebene, die mittig durch beide Spiegel läuft. Beim 3. Experiment funktioniert es aus jeder Richtung.

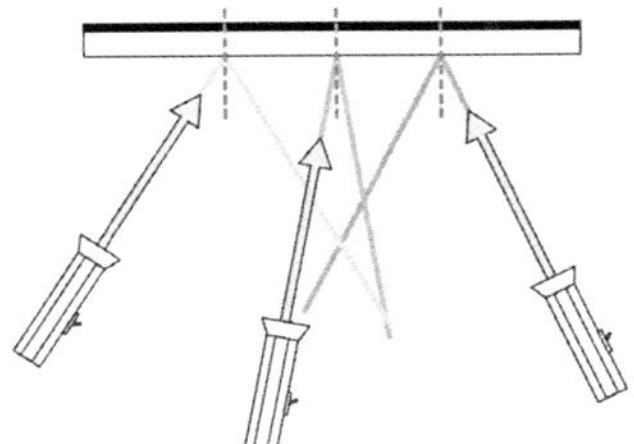

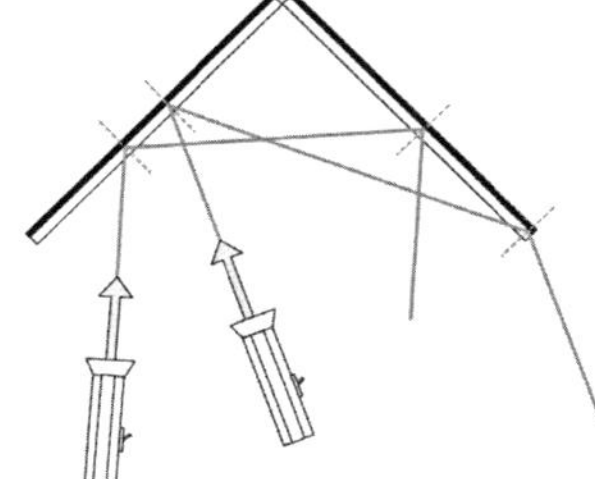

1 Sicherheit im Alltag

1.7 Sicher in der Dämmerung – Wie ein Reflektor funktioniert

Aufgabe:

a) Ein Lichtstrahl, der in einen Reflektor fällt, wird im Reflektor zweimal reflektiert, sodass er in dieselbe Richtung zurückgeworfen wird, aus der er kam.

b) Reflektoren werfen das auftreffende Licht in genau die Richtung zurück, aus der es gekommen ist. Dadurch sieht man Personen und Gegenstände mit Reflektoren noch besser.

Weiterdenken ...

➔ Warnwesten, Leuchtstreifen auf der Kleidung, Verkehrsschilder, Straßenmarkierungen, Lichtschranken ...

➔ **Reflektor –** drei senkrecht zueinander stehende, spiegelnde Flächen – das einfallende Licht wird in die Richtung, aus der es kommt, zurückgeworfen

➔ **Warnweste mit Reflektorsteifen –** in die Streifen sind winzige Reflektoren eingearbeitet – einfallendes Licht wird in Richtung der Lichtquelle zurückgeworfen

➔ **Straßenschilder –** mit Folie überzogen, die aus geprägter Alufolie, rückseitig geprägter Plastikfolie bestehen oder enthalten transparente, retroreflektierende Kügelchen – an diesen Oberflächen wird das Licht ähnlich wie bei Reflektoren zur Lichtquelle zurückgeworfen

➔ **Fahrbahnmarkierungen** – enthalten winzige Glaskügelchen (Reflexkugeln) – an diesen Kugeln wird das Licht ähnlich wie bei Reflektoren zur Lichtquelle zurückgeworfen

1.8 Wenn das Gewitter kommt

Aufgabe:

a) $300.000\ \frac{km}{s} = 300.000.000\ \frac{s}{km}$

b) ca. $343\ \frac{m}{s}$

c) Das Licht ist sofort da. Rechnung: $\frac{4000\ m}{300.000.000\ \frac{m}{s}} = 0{,}000013\ s$

d) ca. 12 Sekunden; Rechnung: $\frac{4000\ m}{343\ \frac{m}{s}} = 11{,}6\ s$

e) Sie hat die Sekunden zwischen dem Blitz und dem Donner gezählt und die Anzahl dann mal 3 gerechnet.

f) 3 Kilometer bzw. 5, 7 oder 10 Kilometer

Weiterdenken ...

➔ Verbrennungen durch Hitze des Blitzes, Herzstillstand durch Stromschlag

➔ Deckung suchen / ins Haus gehen; im Freien möglichst großen Abstand zu Bäumen und hohen Geländepunkten halten, am besten in eine Bodenmulde hocken und die Füße eng nebeneinander stellen (sonst kann sich zwischen beiden Beinen eine Schrittspannung aufbauen), nichts aus Metall bei sich haben (z.B. vom Fahrrad entfernen), Gewässer meiden

1.9 Einen Brand bekämpfen – der automatische Feuermelder

Experiment:

1. Der Bimetallstreifen verbiegt sich und es entsteht ein elektrischer Kontakt. Der Stromkreis wird so geschlossen und die Lampe beginnt zu leuchten.
2. Die Wachskugel schmilzt und die Metallstreifen berühren sich. Der Stromkreis wird so geschlossen und die Lampe beginnt zu leuchten.

Aufgabe:

Beide Feuermelder funktionieren durch die Einwirkung von Wärme. Wie genau der Stromkreis geschlossen wird, unterscheidet sich jedoch: Der erste Feuermelder funktioniert, indem sich der Bimetallstreifen aufgrund der Erwärmung verbiegt und so einen Stromkreis schließt. Beim zweiten Stromkreis schmilzt das Wachs zwischen zwei Leitern aufgrund der Erwärmung. So wird ein Kontakt hergestellt und der Stromkreis wird geschlossen.

Weiterdenken ...

➔ Die beiden Lagen unterschiedlicher Metalle dehnen sich bei Erwärmung unterschiedlich stark aus. Daher verbiegt sich der Streifen in Richtung des sich weniger ausdehnenden Metalls.

➔ In großen Bürogebäuden, Geschäften / Kaufhäusern, öffentlichen Gebäuden.

➔ Feuermelder reagieren auf Hitze (thermisch), Rauchmelder reagieren auf Rauch (optisch).

PHYSIK IM ALLTAG
KOHL VERLAG

10 Lösungen

1 Sicherheit im Alltag

1.10 Einen Brand bekämpfen – die automatische Feuerlöschanlage

Experiment: 4. Das Wachs schmilzt und das auslaufende Wasser löscht die Kerzenflamme.

Weiterdenken ...

➔ z.B. in Geschäften, Lagerräumen, Bürogebäuden

➔ Sprinklerköpfe sind mit Glasampullen verschlossen, die mit einer gefärbten Spezialflüssigkeit gefüllt sind. Sie sind mit einem Wasserrohrnetz verbunden, in dem ein konstanter Wasserdruck herrscht.
Bei einem Feuer erwärmt sich die Flüssigkeit in den Glasampullen, dehnt sich aus, und die Ampullen platzen. Wasser tritt aus dem Sprinklerrohrnetz aus. Bei einem Brand öffnen nur die Sprinkler, deren Ampullen die Auslösetemperatur erreicht haben – also nicht alle Sprinkler eines Raumes gleichzeitig.

1.11 Gefahren im Stromkreis – der Kurzschluss

Experiment 1: Die Stahlwolle fängt an zu glühen und „verbrennt".

Experiment 2: Der Lamettafaden fängt an zu glühen und brennt durch. Dadurch wird der Stromkreis unterbrochen und die Lampe geht aus.

Aufgabe:

a) Brandgefahr, da der Leiter sehr heiß werden kann.

b) eine Schmelzsicherung

c) Batterien müssen so gelagert werden, dass ihre Pole nicht leitend miteinander verbunden werden (z.B. durch andere Batteriegehäuse oder Metalle).

Weiterdenken ...

➔ Im Haushalt werden im Wesentlichen diese beiden Sicherungsarten verwendet:
- Schmelzsicherung, die bei „Auslöseströmen" von einigen zehn mA bis zu einigen kA durchbrennt, beispielsweise als Geräteschutzsicherung und in Niederspannungsnetzen.
- Leitungsschutzschalter, der elektromagnetisch funktioniert.

(Quelle: https://de.wikipedia.org/wiki/Überstromschutzeinrichtung)

➔ individuelle Lösungen der Schülerinnen und Schüler

1.12 Gefahren im Stromkreis – die Überlastung

Experiment: 3. Durch den dünnen Draht fließen zunächst nur so viele Elektronen, dass er nicht durchbrennt. Der Stromkreis ist geschlossen und die 0,5V-Lampe leuchtet.
Schaltet man die 5V-Lampe mit hinzu, so fließen durch den dünnen Draht so viele Elektronen, dass eine so hohe Hitzewirkung entsteht, dass der Draht durchschmilzt. Der Stromkreis wird unterbrochen und keine der Lampen leuchtet mehr.

Aufgabe 1:

a) Schmelzsicherung, sie schmilzt bei zu hohem Stromdurchfluss

b) Im Haushalt gibt es heute häufig Leitungsschutzschalter, die elektromagnetisch funktionieren.
(Quelle: https://de.wikipedia.org/wiki/Überstromschutzeinrichtung)

Aufgabe 2:

a) Bei einer Überlastung fließt ein hoher **Strom** in der **gemeinsamen Leitung** der parallel geschalteten Geräte.

b) Sicherungen **schützen** den Stromkreis, wenn ein **zu großer Strom** fließt.

Weiterdenken ...

➔ Der Stromkreis kann überhitzen und es kann ein Feuer ausbrechen.

➔ Niemals zu viele Geräte gleichzeitig anschließen (keine Mehrfachsteckdosen in Reihe schalten!)

➔ Bei über 20 mA kommt es zu Muskelkrämpfen, die mit steigender Stromstärke stärker werden und dazu führen können, dass man den Leiter nicht mehr loslassen kann (Krampfschwelle); ab 500 mA (0,5 A) ist Strom tödlich.

➔ z.B. Haushaltsspannung (Steckdose 230 V); bei Haushaltsgeräten wie Fernseher, Computer, Herd, Kühlschrank ...

KOHL VERLAG Lernen mit Erfolg
PHYSIK IM ALLTAG
Täglich Naturwissenschaften erfahren – Bestell-Nr. 11 912

10 Lösungen

2 Sonne, Mond und Sterne

2.1 Der Mond ist aufgegangen ...

Aufgabe: a)

b)

Vier Positionen des Mondes beim Umlauf um die Erde

abnehmender Mond

Erde

Sonne

Neumond

Vollmond

zunehmender Mond

c)

Neumond | zunehmender Mond | Vollmond | abnehmender Mond

Weiterdenken ... ➔ Venus: Galileo Gallilei (1610)
Merkur: Giovanni Battista Zupi (1639)

2.2 Wenn die Sonne sich verfinstert ...

Aufgabe: a)

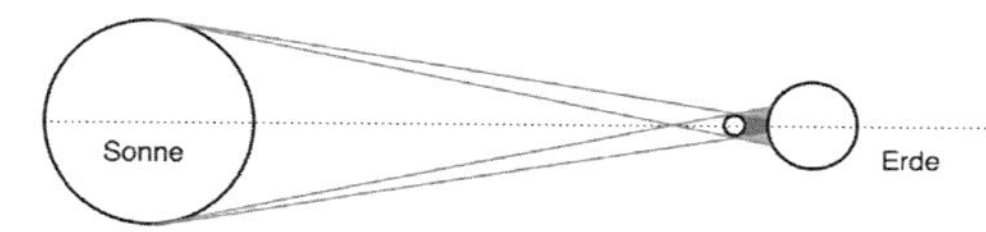

- Bei einer Sonnenfinsternis wird die Sonne **vom Mond verdeckt**.
- Welche Mondphase haben wir bei einer Sonnenfinsternis? **Neumond**

b)

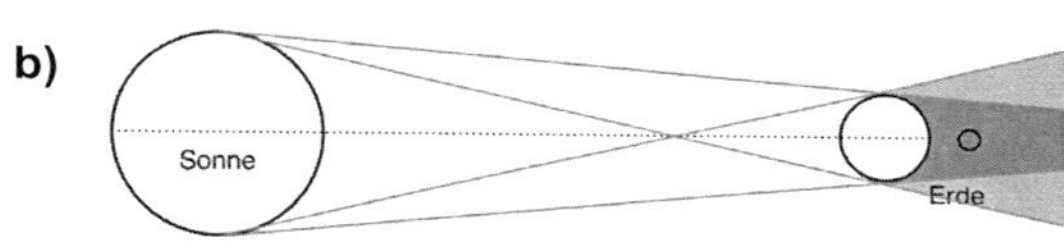

- Bei einer Mondfinsternis befindet sich der Mond **im Schatten der Erde**.
- Welche Mondphase haben wir bei einer Mondfinsternis? **Vollmond**
- Mond- und Sonnenfinsternisse finden nur statt, wenn **Sonne, Erde und Mond auf einer Linie (gepunktet) stehen**.

Weiterdenken ...

➔ nächste Mondfinsternis in Deutschland: siehe http://www.mondfinsternis.net/wann.htm

➔ nächste Sonnenfinsternis in Deutschland: siehe http://www.sonnenfinsternis.org/total_eu.htm

➔ Bei einer totalen Finsternis wird die Sonne bzw. der Mond komplett verdeckt oder verdunkelt – bei einer partiellen nur zum Teil.

2.3 Zeitmessung mal anders

Weiterdenken ...

➔ individuelle Lösungen der Schülerinnen und Schüler

➔ Durch die Umstellung auf Sommerzeit zeigt die Sonnenuhr nur im Winter die tatsächliche Ortszeit an. Im Sommer muss man eine Stunde auf die angezeigte Zeit drauf rechnen.

➔ Die Sommerzeit wurde in Teilen Europas erst mal für die Zeit des ersten Weltkriegs eingeführt, um Energie für die Beleuchtung zu sparen.
1940 wurde die Sommerzeit in Deutschland im zweiten Weltkrieg erneut aus Energiespargründen eingeführt (1947 – 1949 sogar mit zwei Stunden Zeitumstellung).
Durch die Ölkrise 1973 führten einzelnen Saaten in Europa die Sommerzeit wieder ein.
1996 wurden die unterschiedlichen Sommerzeitregelungen in der Europäischen Union vereinheitlicht.

➔ Nein, da die Sommerzeit nicht (mehr) beim Energiesparen hilft
(Quelle: http://www.tagesspiegel.de/weltspiegel/gegen-den-uhrzeigersinn-wieso-wird-die-zeitumstellung-nicht-abgeschafft/7310194.html)

PHYSIK IM ALLTAG

2 Sonne, Mond und Sterne

2.4 Wieso ist der Sonnenuntergang rot?

Experiment: **3.** Das Licht der Lampe erscheint rötlich.

Aufgabe: Der rote Anteil des weißen Lichts wird auf dem Weg zum Beobachter nur kaum zur Seite gestreut; vom grünen Licht wird wenig, vom blauen sehr viel aus dem ursprünglichen Strahl gestreut. Bei der Streustrahlung in alle Richtungen überwiegt der blaue Anteil. Daher sieht der Beobachter blaues Licht von allen Richtungen, rotes und grünes Licht vornehmlich nur, wenn er in Richtung Sonne schaut, die ihm aufgrund des stark reduzierten blauen Anteils gelblich erscheint.
Steht die Sonne am Abend ganz am Horizont, so muss das Licht eine wesentlich längere Strecke durch die Atmosphäre zurücklegen als am Mittag, wenn die Sonne über uns steht. Dadurch trifft das Licht auf wesentlich mehr Streuteile, wodurch die Intensität des ins Auge des Beobachters treffenden Lichtes mehr geschwächt wird als am Mittag. Darüber hinaus gelangt fast nur noch der rote Anteil des Lichtes zum Beobachter, da für diese Farbe die Streuung am geringsten ist. Die Sonne erscheint uns rot, man spricht vom Abendrot.

Weiterdenken ... ➔ z.B. Staubteilchen, Wassertröpfchen, Ruß und Feinstaub, Stickstoff- und Sauerstoffteilchen ...

3 Licht und Schatten

3.1 Spieglein, Spieglein an der Wand ...

Aufgabe: a)

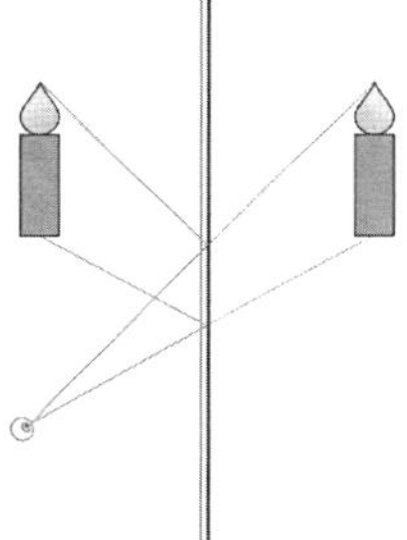

b)

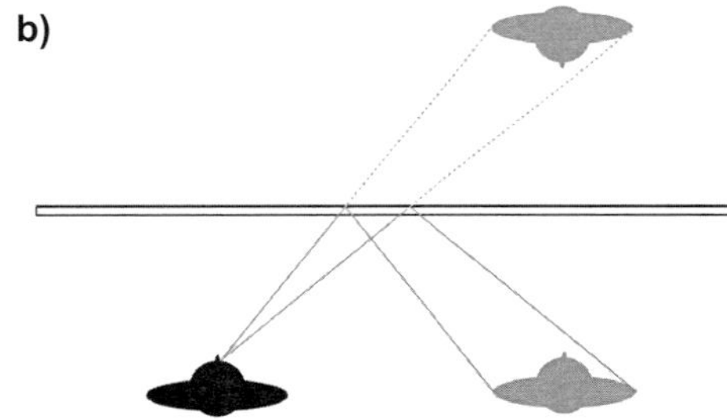

c) Spiegelbilder sind so groß wie das Original; rechts und links sind beim Spiegelbild vertauscht, oben und unten jedoch nicht; der Abstand des Spiegelbildes zum Spiegel ist genauso groß wie der Abstand vom Spiegel zum Original

Weiterdenken ... ➔ Sie muss glatt sein und Licht reflektieren können, also nicht z. B. schwarz und matt sein.

3.2 Wie glaubwürdig ist der Zeuge?

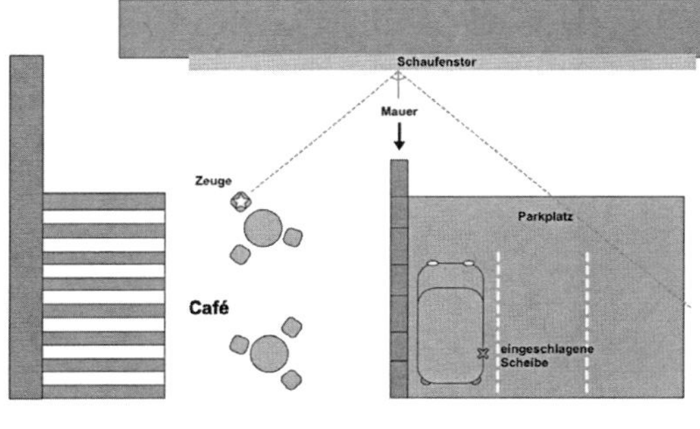

Aufgabe:

a) Man kann, wenn man „rückwärts“ vorgeht, die Lichtstrahlen einzeichnen, die der Zeuge sehen kann (also aus der Blickrichtung des Zeugen gedacht). Dabei stellt man fest, dass der Zeuge den Diebstahl unmöglich beobachtet haben kann.

b) Durch die Aussage des Zeugen kann nicht bewiesen werden, dass der Angeklagte schuldig ist. Da der Zeuge die Tat nicht eindeutig gesehen haben kann, ist seine Aussage sehr zweifelhaft. Es bleibt zu prüfen, warum der Zeuge den Angeklagten beschuldigt. Will er von sich selbst ablenken? Wenn es keine anderen sicheren Beweise gibt, wird er aus Mangel an Beweisen freigesprochen werden.

3 Licht und Schatten

3.2 Wie glaubwürdig ist der Zeuge?

Weiterdenken ... ➔ a)

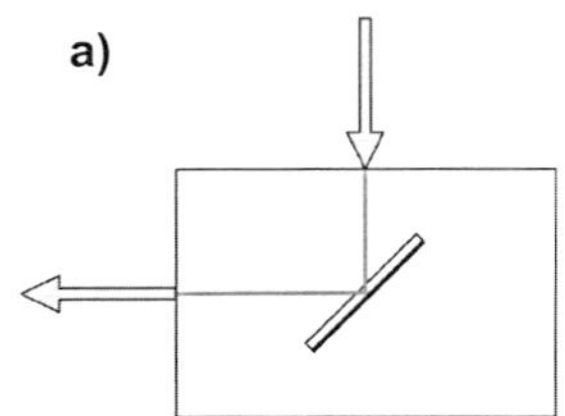

b)

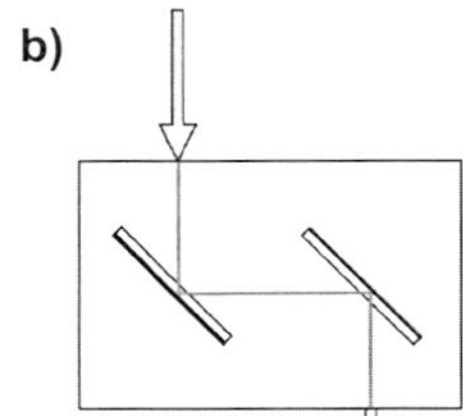

c)

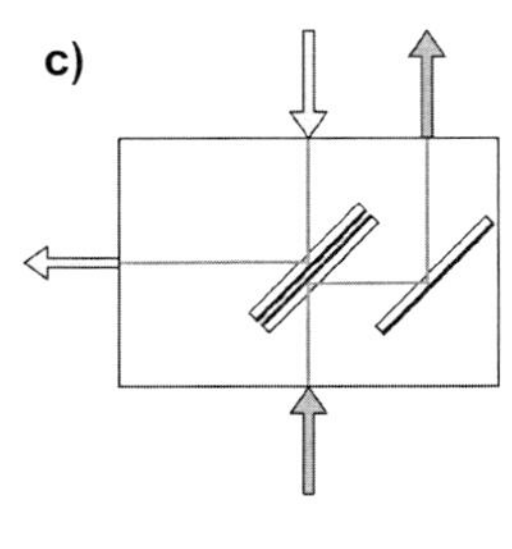

3.3 Rechts ist links und umgekehrt – wie man einen Spiegel „reparieren" kann

Experiment: **1.** Die Reihenfolge ist die gleiche, aber rechts und links sind vertauscht.

3. Die Reihenfolge ist die gleiche und auf dem Zettel und im Spiegelbild beginnen beide auf der linken Seite mit derselben Farbe.

Aufgabe: **a)**

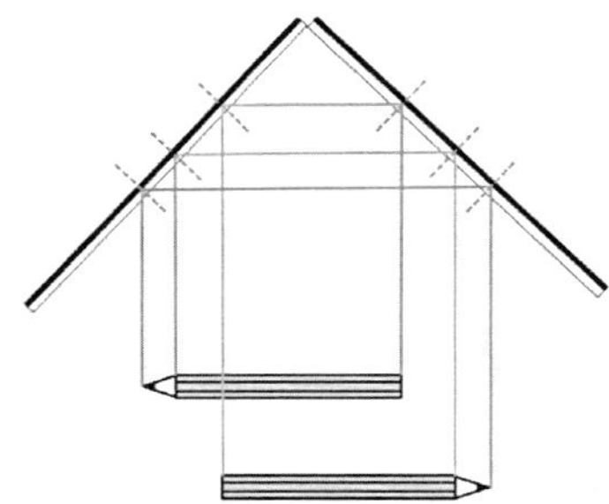

b) Das Licht von der Spitze des Bleistiftes fällt auf den linken Spiegel. Von ihm wird es auf den rechten Spiegel reflektiert. Der rechte Spiegel reflektiert das Licht wieder zurück zum Beobachter.
Da jeder Lichtstrahl von beiden Spiegeln reflektiert wird, sehen wir den von links ausgehenden Lichtstrahl plötzlich auf der rechten Seite und die Lichtstahlen, die von der rechten Seite kommen, auf der linken.
Man kann auch mathematisch (geometrisch) argumentieren und sagen, dass das Licht zweimal gespiegelt wird.
Bei jeder Spiegelung wird der Umlauf- oder Drehsinn verändert. Zweifache Veränderung bedeutet aber, dass alles so ist wie vorher, da die zweite Änderung die erste wieder „aufhebt".

Weiterdenken ... ➔ Im Rückspiegel eines Autos ist die Aufschrift lesbar, da sie in Spiegelschrift geschrieben ist. Das dritte Beispiel ist nicht lesbar, da zwar die Reihenfolge der Buchstaben noch stimmt, aber die einzelnen Buchstaben gespiegelt sind. Außerdem stimmt die Leserichtung nicht, da wir eine gespiegelte Schrift von rechts nach links lesen müssten (vgl. Bild 1 und 2).

3.4 Vor Geistern hab ich keine Angst – Who you gonna call?

Aufgabe:

a) Wenn das Glas mit Wasser gefüllt wird, brennt die Kerze scheinbar unter Wasser.

b) Wenn alles korrekt aufgebaut ist, sollte die Kerze im Glas erscheinen.

c) Das Spiegelbild der Kerze ist genau so groß wie die Kerze vor der Glasscheibe.

d) Das Spiegelbild der Kerze ist soweit von der Glasscheibe entfernt wie die Kerze von der Glasscheibe entfernt ist.

Weiterdenken ...

➔ an spiegelnden Glasflächen, z.B. Schaufenstern

➔ In den Brillengläsern kann sich u.U. spiegeln, was neben oder hinter der Person ist. Dies kann z.B. im Straßenverkehr gefährlich sein. Autofahrer könnten durch Scheinwerfer geblendet werden. Heute kann man Brillengläser mit einer speziellen Beschichtung „entspiegeln", damit dieser Effekt nicht auftritt.

➔ Ein halbdurchlässiger Spiegel (auch Einwegspiegel) reflektiert das eintreffende Licht der einen Seite weitgehend, lässt einen kleinen Anteil jedoch durch. In die andere Richtung lässt er kein Licht durch. Somit ist es möglich, dass man beispielsweise Personen auf der gegenüberliegenden Seite beobachten kann, während der Beobachtete nur sein eigenes Spiegelbild erkennen kann.

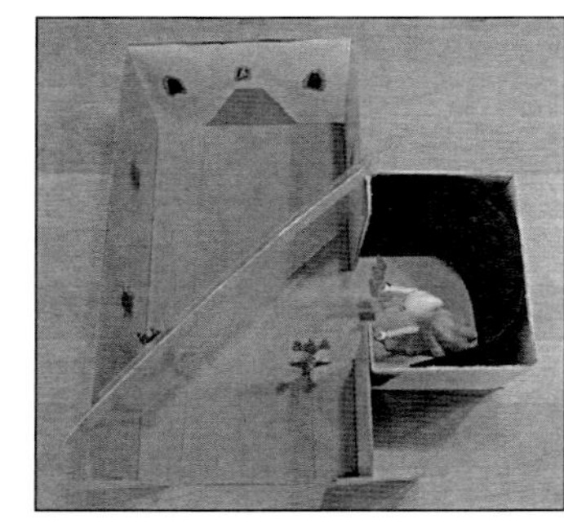

Die Geisterbahn von oben.

3 Licht und Schatten

3.5 Warum ist ein Regenbogen bunt?

Experiment 1: **3.** Es entsteht ein Regenbogen auf dem Schirm (sowohl mit einem Prisma als auch mit einer Glaskugel).

Experiment 2: Es muss sonnig sein und du musst mit dem Rücken zur Sonne stehen.

Aufgabe: **a)** Rot – Orange – Gelb – Grün – Blau – Indigo – Violett **b)**

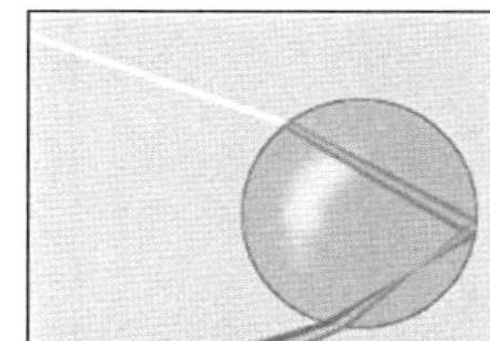

Weiterdenken ...
- ➔ Das Licht der Sonne besteht aus allen Farben.
- ➔ z.B. an reflektierenden Folien, auf der Oberfläche von Schnee
- ➔ 1. bei Regen muss die Sonne scheinen, 2. man muss „mit“ der Sonne in Richtung des Regens sehen, 3. die Sonnenhöhe muss weniger als 42° betragen

3.6 Wie funktioniert ein moderner Fernseher?

Experiment 1: **3.** Die drei Farben der Lampen: Rot, Grün und Blau sowie deren Mischfarben: aus Rot und Grün ergibt sich Gelb, aus Grün und Blau ergibt sich Türkis und aus Blau und Rot ergibt sich Lila/Violett. Dort ist das Licht weiß.

Aufgabe 1:

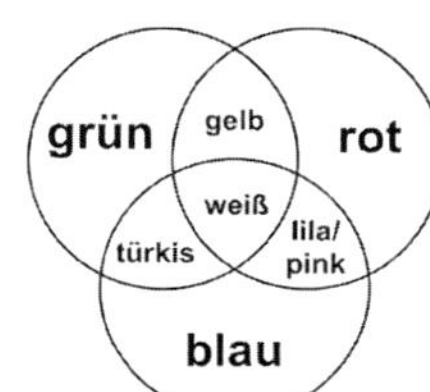

Experiment 2: Es lassen sich weitere Farben und Farbabstufungen erzeugen, je nachdem, welche Lampe wie hell leuchtet.

Aufgabe 2: Braun und Purpur

Weiterdenken ...
- ➔ Farbaddition ist die Mischung farbigen Lichts eines selbstleuchtenden Körpers.
- ➔ Die Farbsubtraktion ist das Gegenteil der Farbaddition. Alle Körperfarben z. B. entstehen durch Farbsubtraktion.
  Ein Körper, der gelb angemalt ist, reflektiert nur den gelben Anteil des Lichts. Mischt man gelb mit türkis, so wird nur grünes Licht zurückgeworfen (das sowohl von Gelb als auch von Türkis reflektiert wird). Wenn sich alle Farben überlagern, erhält man Schwarz. Die Farbsubtraktion kommt z. B. in der Farbdrucktechnik und bei der Farbfotografie zum Tragen.
- ➔ Farbaddition tritt bei allen Bildschirmen (Bildröhren, LCD-Displays) und LCD-Projektoren auf. Die Farbsubtraktion kommt z. B. in der Farbdrucktechnik und Farbfotografie zum Tragen.

3.7 Totalreflexion und Glasfaser

Experiment: **3.** Das Licht geht durch die Glasfaser hindurch und triff erst an ihrem Ende wieder aus. Zu den Seiten hin tritt kaum Licht aus.

Aufgabe: **a)**
1 Der Lichtstrahl wird nicht gebrochen.
2 Die Lichtstrahlen werden gebrochen.
3 Der Lichtstrahl wird zum Teil gebrochen und zum Teil totalreflektiert.
4 Der Lichtstrahl wird totalreflektiert.

b)

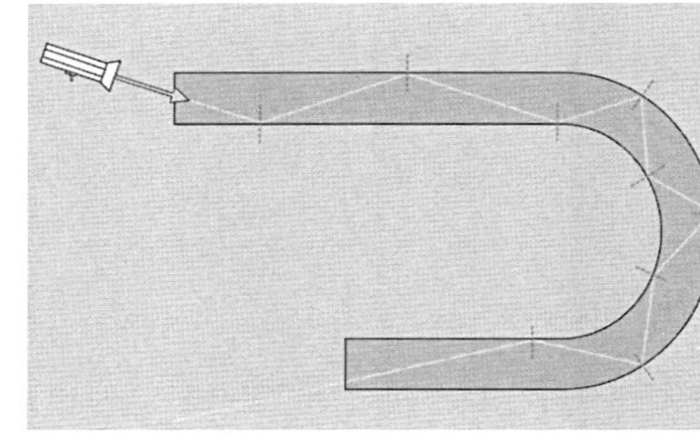

PHYSIK IM ALLTAG
Täglich Naturwissenschaften erfahren – Bestell-Nr. 11 912
KOHL VERLAG

3 Licht und Schatten

3.7 Totalreflexion und Glasfaser

Weiterdenken ...

→ Telefongespräche, Fernsehbilder und Daten im Internet werden in Lichtimpulsen kodiert. Diese können in Form von „Lichtblitzen" – ähnlich eines Morsecodes – im Lichtleiter übermittelt werden. Der große Vorteil der Glasfaserkabel liegt in der entfernungsunabhängigen Geschwindigkeit der Datenübermittlung. Selbst über größte Distanzen ist kein nennenswerter Geschwindigkeitsverlust zu verzeichnen. Außerdem sind Glasfaserkabel nicht anfällig für elektromagnetische Störeinflüsse, sie müssen keinen Widerstand überwinden und dank der unterschiedlichen Wellenlängen im Farbspektrum sind sie unbegrenzt erweiterbar (Daten können parallel versendet werden - was die Datenübermittlungsrate enorm erhöht).

→ Ein Endoskop erspart dem Patienten oft eine aufwendige Operation: Ein fingerdicker Schlauch, in dem mehrere Glasfaserbündel sind, wird z.B. durch die Speiseröhre in den Magen eingeführt. Durch eines der Bündel wird Licht in den Magen geleitet – durch ein anderes Bündel wird das an den Magenwänden gestreute Licht auf eine Videokamera übertragen. Somit kann der Arzt, ohne den Patienten aufschneiden zu müssen, dessen Magen untersuchen.

3.8 Bitte recht freundlich ...

Aufgabe:

a) Das Bild steht auf dem Kopf und ist seitenverkehrt.

b) Je dichter man mit der Kamera am Objekt ist, desto größer ist das Bild des Objektes.
Je weiter man mit der Kamera vom Objekt entfernt ist, desto kleiner ist das Bild des Objektes.

c) Je größer das Loch/die Blende ist, desto heller jedoch auch unschärfer wird das Bild.

Weiterdenken ...

→ Vergrößert man das Loch/die Blende, wird das Bild heller, jedoch unscharf.

→ Das Bild ist heller und scharf.

→ z. B. Brillen, Kameras, Lupen

4 Magnetismus

4.1 Der Schatz im Gulli

Experiment:

wird angezogen	wird nicht angezogen
1-Cent-Stück, 2-Cent-Stück, 5-Cent-Stück, 1-Euro-Stück, 2-Euro-Stück	10-Cent-Stück, 20-Cent-Stück, 50-Cent-Stück
Eisennagel, Büroklammer	Gummibärchen, Kork, Alufolie, Stoff, Wolle, Papier, Taschentuch, Wäscheklammer, Bleistift

Aufgabe:

a) Münzen, die von Magneten angezogen werden, haben einen Stahlkern (1-, 2- und 5-Cent-Münzen) oder bestehen zum Teil aus Nickel (1- und 2-Euro-Münzen). Die anderen Münzen sind nur aus nicht-magnetischen Metallen aufgebaut.

b) **Eisen, Kobald, Nickel** packt der Magnet am Wickel!

Weiterdenken ...

→

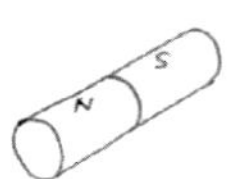

Stabmagnet

Stabmagnet

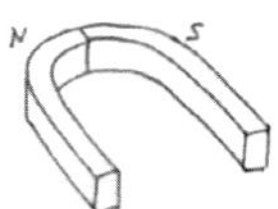

Hufeisenmagnet

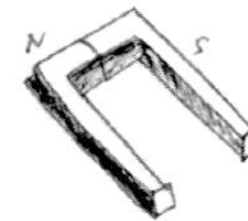

Bügelmagnet

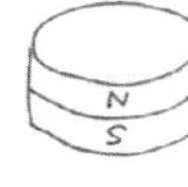

Scheibenmagnet

Ringmagnet

→ Die magnetische Anziehung kann bestimmte Stoffe **durchdringen**.
Durch ein Eisenblech zwischen Magnet und Eisennagel wird die magnetische Wirkung **abgeschirmt**.

PHYSIK IM ALLTAG
KOHL VERLAG

4 Magnetismus

4.2 Wo ist Norden?

Aufgabe:

a) Die Nadel richtet sich im Idealfall in Nord-/Südrichtung aus.

b) Nach dem Verdrehen richtet sich die Nadel selbstständig wieder in Nord-/Südrichtung aus.

Weiterdenken ...

➔ Wenn man sich mithilfe einer Karte (nicht GPS!) orientieren will oder muss, ist es wichtig zu wissen, wo Norden ist, um sich zurechtzufinden.

➔ Man kann sich am Tag am Stand der Sonne oder nachts an den Sternen orientieren.

➔ Das Erdmagnetfeld wird durch den sogenannten Geodynamo erzeugt. Im äußeren Erdkern fließt flüssiges Eisen um den festen, fast aus reinem Eisen bestehenden, inneren Erdkern. Durch diese Bewegung vieler elektrisch leitender Teilchen entsteht ein Magnetfeld.

➔ In der Nähe des geografischen Nordpols befindet sich der magnetische Südpol der Erde.

➔ Merkur, Jupiter, Saturn, Neptun und Uranus haben neben der Erde ein globales Magnetfeld. Auch die Sonne und einige Monde wie zum Beispiel der Jupitermond Ganymed besitzen ein solches Magnetfeld.

5 Schall

5.1 Ich höre die Wellen „rauschen" – Was ist Schall?

Experiment 1: **2.** Die Spur ist wellenförmig. Je nachdem, wie schnell man den Kratzer durch den Ruß zieht, ist die „Welle" weiter auseinandergezogen.

Experiment 2: Die Kerzenflamme flackert, indem sie sich im Rhythmus, mit dem die gespannte Haut angeschlagen wird, von der Schallquelle weg- und zurückbewegt.

Aufgabe 1: Schall breitet sich in Form von Wellen aus.

Experiment 3: Im Wasser bilden sich Wellen, die sich kreisförmig (konzentrisch) ausbreiten.

Aufgabe 2: Schall breitet sich von der Schallquelle ausgehend ringförmig (konzentrisch) in Wellen in alle Richtungen aus.

Weiterdenken ...

➔ **Die Amplitude** ist die Schwingungsweite und gibt an, wie stark z.B. die Stimmgabel schwingt. Je größer die Amplitude einer Schwingung, desto lauter ist sie.
Die Frequenz ist die Schwingungshäufigkeit und gibt an, wie schnell z.B. die Gitarrensaite schwingt. Je größer die Frequenz einer Schwingung, desto höher ist der entstehende Ton.

1.

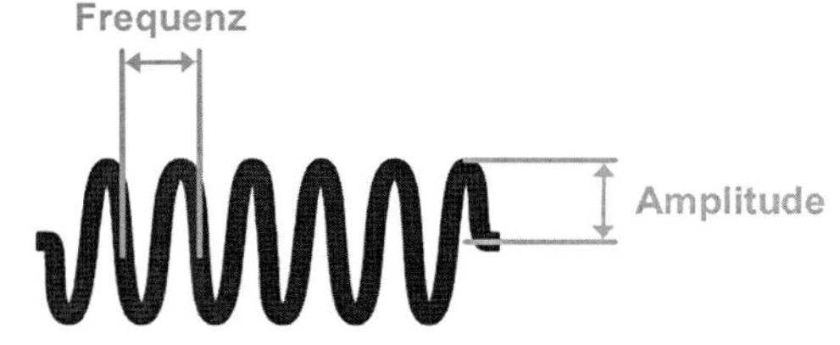

2.

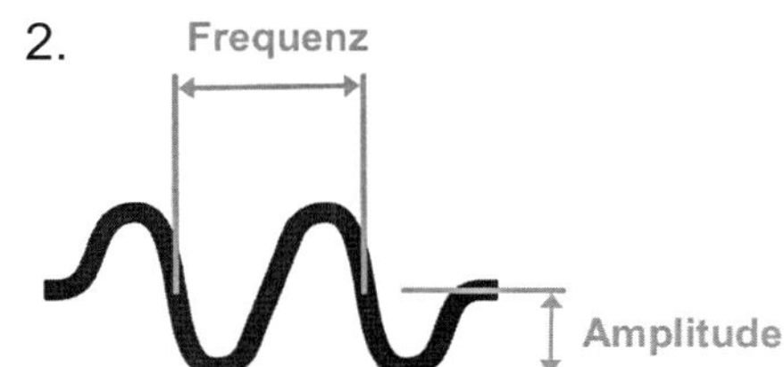

3.

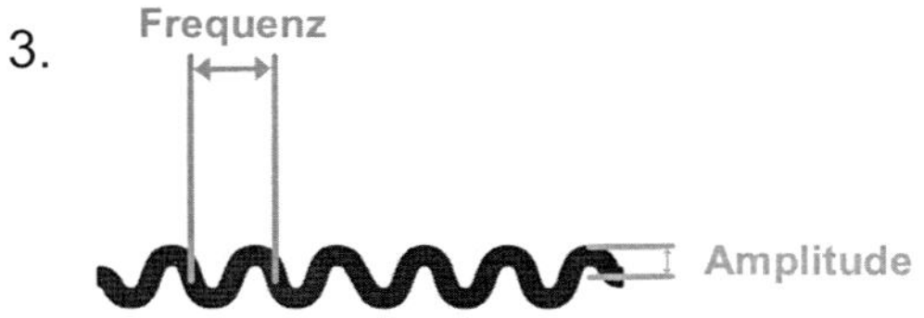

➔ Das Licht breitet sich auch wellenförmig aus.

PHYSIK I... – Bestell-Nr. 11 912
Täglich N...
KOHL VERLAG Lernen mit Erfolg

10 Lösungen

5 Schall

5.2 Wie man ein Handy zum Schweigen bringt

Experiment 1: **2.** Die Kerzenflamme flackert, indem sie sich im Rhythmus, mit dem die gespannte Haut angeschlagen wird, von der Schallquelle weg und zurückbewegt.

Experiment 2: **2.** Man kann das Ticken der Uhr bzw. das Klopfen auf der Tischplatte hören.

Experiment 3: **3.** Zunächst hört man die Musik noch durch die Glasglocke. Sobald die gesamte Luft aus der Glocke entfernt ist, hört man nichts mehr.

Aufgabe: Schall benötigt ein Medium (Teilchen, die schwingen können) wie z.B. Luft oder Holz, in dem er sich ausbreiten kann. Im Vakuum breitet sich Schall nicht aus.

Weiterdenken ...

- ➔ Die Dose des Sprechers nimmt die Schallwellen auf und beginnt mitzuschwingen. Die Schwingungen überträgt sie auf den mit ihr verbundenen, gespannten Faden. Dieser überträgt die Schwingungen auf die Dose des Hörers. Die Schwingungen werden auf die Luft übertragen und gelangen so zum Ohr.
- ➔ z.B. Luft 343 m/s; Helium 981 m/s; Wasserstoff 1280 m/2; Wasser 1484 m/s; Wassereis (-4°C) 3250 m/s; Beton 3655 m/s; Buchenholz 3300 m/s; Kupfer 4660 m/s, Diamant 18000 m/s *(Quelle: wikipedia.org)*
- ➔ Tiefe Töne (Infraschall) breiten sich im Wasser weiter aus als höhere Töne, da diese stärker vom Wasser absorbiert werden.

5.3 Schneller als der Schall ... geht das?

Aufgabe: Ergebnis: **343,2 m/s bzw. 1236 km/h**

Weiterdenken ...

- ➔ Verschiedene Materialien leiten den Schall unterschiedlich gut, z.B. 343,2 m/s in Luft, 1484 m/s in Wasser (beides 20 °C)
- ➔ ca. 9 Sekunden, denn 3000 m : 343 m/s = 8,75 Sekunden
- ➔ Wenn ein Flugzeug schneller fliegt als diese Schallgeschwindigkeit, breiten sich die Schallwellen nicht mehr nach allen Seiten aus, sondern nur noch nach hinten. Dadurch entsteht eine Schockwelle, deren Schall, der dann die Erde erreicht, als "Überschallknall" wahrgenommen wird. Die Lautstärke des Knalls hängt u. a. von der Menge der verdrängten Luft und somit von der Größe des Flugzeugs ab.
- ➔ 1484 m/s : 4343,2 m/s = 4,3;
  Schall breitet sich im Wasser mit 4,3-facher Geschwindigkeit aus.

5.4 Der Dopplereffekt

Experiment: **2.** Der Ton klingt gleichmäßig hoch.

3. Der Ton klingt zunächst höher und dann, wenn die Person an einem vorbeigelaufen ist, deutlich tiefer.

Aufgabe: Schallwellen werden bei Bewegung der Schallquelle vor ihr gestaucht und hinter ihr gestreckt. Werden Schallwellen gestaucht, erhöht sich ihre Frequenz und somit die wahrgenommene Tonhöhe, werden sie gestreckt, verringert sich ihre Frequenz und somit klingt der Ton tiefer.

Weiterdenken ...

- ➔ Bei Lichtwellen; Das Licht von Lichtquellen, die sich auf den Beobachter zubewegen, erscheint bläulicher als es tatsächlich ist. Das Licht von Lichtquellen, die sich vom Beobachter wegbewegen, erscheint rötlicher als es tatsächlich ist.
  Diesen „Doppler-Effekt" fand und untersuchte Christian Doppler, bevor man ihn auch bei Schallwellen entdeckte.
- ➔ Mit dem Dopplereffekt (Rotverschiebung) kann u. a. die Bewegungsgeschwindigkeit von Sternen ermittelt werden.

PHYSIK IM ALLTAG
KOHL VERLAG

10 Lösungen

5 Schall

5.5 Musik auch ohne Lautsprecher genießen?

Aufgabe:

a) Gegebenenfalls kann man mit einem Schallpegelmessgerät nachmessen, welche Lautstärkenveränderung eintritt.

b) Bei allen drei Experimenten soll ein Klangkörper (Glas bzw. Pappröhre) den Schall verstärken, indem er und die eingeschlossene Luft mit dem Schall mitschwingen (Resonanz).

c) Im ersten und dritten Experiment schwingt die Pappröhre mit. Beim zweiten Experiment das Glas. Je freier die Röhre bzw. das Glas schwingen kann, desto besser ist die Resonanz.

Weiterdenken ...

➔ Klangkörper findet man z. B. bei Streichinstrumenten, beim Klavier und der Zither. Bei Instrumenten, bei denen Saiten in Schwingungen versetzt werden, werden die Schwingungen über einen Steg auf den hölzernen Klangkörper übertragen. Damit wird sowohl der Klangkörper als auch die eingeschlossene Luft zum Mitschwingen angeregt. Bei Trommeln ist das Fell (die Trommelhaut) direkt über den Klangkörper gespannt.

➔ Die Stimmgabel allein wäre in einem großen Physikraum zu leise für manche Experimente. Daher ist der offene Holzkasten als Resonanzkörper an ihr befestigt, um den Schall zu verstärken.

➔ Resonanz bedeutet „Mitschwingen" – wird z. B. eine Stimmgabel angeschlagen, schwingt eine andere Stimmgabel mit derselben Frequenz, die sich in der Nähe befindet, mit.

6 Elektrischer Strom

6.1 Elektrische Leiter und Nichtleiter

Experiment: 3.

Leiter	Nichtleiter (Isolator)
Eisennagel, Kupferdraht, Büroklammer, 1-Euro-Stück, Bleistiftmine, Salzwasser	Gummibärchen, Kork, Stoff, Wolle, Papier, Taschentuch, Kreide

Weiterdenken ...

➔ Nicht mehr benutzen – Verletzungsgefahr; zur Reparatur bringen oder entsorgen / recyceln.

➔ Ein kurzer, dicker Draht – der Weg ist kürzer und der Querschnitt ist größer, es können also mehr Ladungsträger/es kann mehr Strom fließen.

➔ Gute elektrische Leiter werden als Verbindungen in elektrischen Stromkreisen eingesetzt.

➔ Gute elektrische Isolatoren sorgen dafür, dass der elektrische Strom den vorgesehenen Weg nimmt und wir uns beim Berühren eines Kabels nicht verletzen.

6.2 Stromkreise im Alltag

Weiterdenken ... ➔ **ODER-Schaltung**

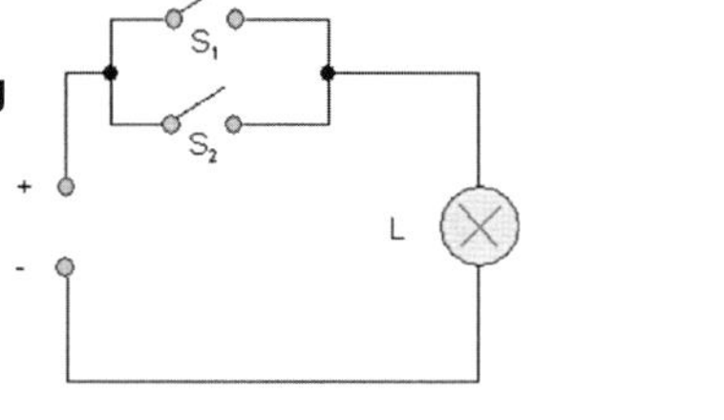

➔ **UND-Schaltung**

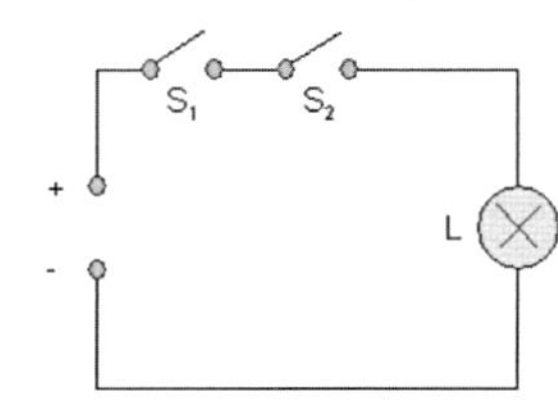

➔ Einsatz z.B. an gefährlichen Maschinen: Man muss mit beiden Händen gleichzeitig jeweils einen Schalter drücken, damit man nicht mit den Händen in die Maschine fasst und sich verletzt.

➔ In Räumen, in denen eine Lampe über zwei getrennte Schalter aus- und eingeschaltet wird, findet man eine Wechselschaltung.

PHYSIK IM ALLTAG
Täglich Naturwissenschaften erfahren – Bestell-Nr. 11 912
KOHL VERLAG

10 Lösungen

6 Elektrischer Strom

6.3 Die Wirkungen des elektrischen Stromes – Wärme und Licht

Experiment 1: Durch die Reibung entsteht Wärme.

Aufgabe: Die Elektronen reiben.

Experiment 2: Individuelle Lösungen der Schülerinnen und Schüler; der Draht leuchtet immer heller und ändert die Farbe beim Aufleuchten, von Orange über Gelb zu Weiß.

Weiterdenken ...
- ➔ z.B. Tauchsieder, Elektroheizung, Föhn
- ➔ z.B. Überhitzung von Leitern (Kabeln, Steckdosen)
- ➔ z.B. Glühlampe, LED

6.4 Die Wirkungen des elektrischen Stromes – Elektromagnetismus

Experiment:
1. Die Kompassnadel wird abgelenkt. Schaltet man den Strom aus, richtet sich die Nadel wieder nach dem Erdmagnetfeld aus.
2. Der Ausschlag der Kompassnadel erfolgt in entgegengesetzter Richtung.

Aufgabe: Das Messgerät reagiert auf das Magnetfeld bzw. dessen Veränderung, das wegen der stromdurchflossenen Leitung entsteht, und zeigt dieses an.

Weiterdenken ...
- ➔ Die meisten Rasenmäher-Roboter fahren die Rasenfläche in mehr oder weniger zufälligen Richtungen ab. Für sie muss man mit einem Begrenzungsdraht die Rasenfläche eingrenzen, in der sich dann der Mähroboter bewegen soll. Der Draht wird auf oder ein Stück unter der Erde verlegt. Es handelt sich meistens um ein stromführendes Kabel, das durch Induktion vom Rasenroboter erkannt wird.
- ➔ Eine Induktionsschleife ist eine einfache Drahtschleife, die mit Hilfe des Prinzips der elektromagnetischen Induktion dem Computer, der die Ampelanlage steuert, mitteilt, dass auf ihr ein bzw. mehrere Autos stehen. Dann kann die Ampel entsprechend auf Grün geschaltet werden.

6.5 Der Elektromagnet

Aufgabe:
- a) Je mehr Windungen die Spule hat, desto **stärker ist der Elektromagnet**.
- b) Je höher die Spannung ist, desto **stärker ist der Elektromagnet**.

Weiterdenken ...
- ➔ Man kann einen Elektromagneten ein- und ausschalten – einen Dauermagneten nicht. Man kann bei einem Elektromagneten die Pole vertauschen – bei einem Dauermagneten nicht.
- ➔ z.B. bei Kränen, um Metalle zu heben (Schrottplatz), in Elektromotoren, in Windkraftanlagen (Generator), zur Felderzeugung in Teilchenbeschleunigern
- ➔ Die Kabeltrommel kann so zu einem Elektromagneten werden.

6.6 „Alternative" Energiequellen

Weiterdenken ...
- ➔ Individuelle Lösungen der Schülerinnen und Schüler
- ➔ Vorteile: wiederaufladbar (bis zu 1000-mal), somit kostengünstiger als Batterien
  Nachteile: Inhaltsstoffe (z. B. Nickel-Cadmium) gefährden die Umwelt besonders stark
- ➔ Batterien und Akkus dürfen nicht in den Hausmüll geworfen werden, sondern müssen als Sondermüll bei Sammelstellen (z.B. in Supermärkten oder dem Elektrofachhandel) abgegeben werden.
- ➔ Strom sparen; Geräte, die mit Batterien betrieben werden nur benutzen, wenn es unbedingt sein muss; ansonsten Geräte an die Steckdose anschließen, um weniger Batterien zu verbrauchen; wenn möglich Akkus nutzen.

KOHL VERLAG PHYSIK IM ALLTAG

6 Elektrischer Strom

6.7 Wie kommt der Strom in die Steckdose?

Aufgabe:

a) Er besteht aus einem Stator, einem Rotor und Schleifkontakten (für Wechselstrom) bzw. einem Kommutator (zur Erzeugung von Gleichstrom).
Ist der Stator ein feststehender Dauermagnet, so ist der Rotor eine rotierende Induktionsspule.
Ist der Stator hingegen eine feste Spule um den Rotor, so ist der Rotor ein Dauermagnet.

b) Im Inneren des Generators wird der Rotor gegenüber dem feststehenden Stator gedreht. Durch das vom Rotor mit einem Dauermagneten oder einem Elektromagneten erzeugte, umlaufende magnetische Feld wird in den Leitern oder Leiterwicklungen des Stators durch die Lorentzkraft elektrische Spannung induziert.

c) Der obere Generator mit Schleifkontakten liefert Wechselstrom.

d) Der untere Generator mit Kommutator liefert Gleichstrom.

e) Beispiele: Dynamo am Fahrrad, Stromerzeugung in Windkraftanlagen, in Kohle-, Kernkraft- und Wasserkraftwerken, Taschenlampe mit Handkurbel

Weiterdenken ...

➔ In Kraftwerken treiben Wind, Wasser oder Dampf (erzeugt durch Verbrennung von Kohle, Gas oder Öl oder durch Kernspaltung) Turbinen an, die mithilfe von Generatoren Strom produzieren. In kleineren, portablen Generatoren wird Benzin oder Diesel verbrannt.

➔ Der Kommutator sorgt dafür, dass sich die Stromrichtung in der rotierenden Spule (Rotor) im richtigen Moment (jede halbe Umdrehung) ändert. So kann man Gleichstrom erzeugen. Ohne Kommutator würde man Wechselstrom erzeugen.

➔ Batterie, (Brücken-) Gleichrichter

6.8 Der Elektromotor

Weiterdenken ...

➔ **Der Stator** ist der feststehende Teil (Dauermagnet) eines Elektromotors. Bei Elektromotoren liegt der Stator meistens außen und ist mit dem Gehäuse verbunden.
Der Rotor (Spule) rotiert im Inneren des Stators und dreht so die Motorachse.
Ein Kommutator (Stromwender) polt während eines Umlaufs die Spulen um, sodass der Motor mit Gleichstrom laufen kann.

➔ Die Drehbewegung eines Elektromotors entsteht durch die Anziehungs- und Abstoßungskräfte, die mehrere Magnetfelder aufeinander ausüben (Lorentzkraft). Im üblichen Elektromotor gibt es einen feststehenden Außenteil (Stator – Dauermagnet) sowie einen sich darin drehenden Innenteil (Rotor – Spule). Jede stromdurchflossene Spule erzeugt ein Magnetfeld, dessen Ausrichtung (Nordpol/Südpol) abhängig von der Stromrichtung ist – fließt der Strom in entgegengesetzter Richtung durch die Spule, so wird auch das Magnetfeld umgedreht. Durch mehrfaches, passendes Umpolen der Spulen während eines Umlaufs wird eine kontinuierliche Drehung des Innenteils erreicht. Für dieses Umpolen ist ein Kommutator (Stromwender) erforderlich.

6.9 Handyakku laden, aber richtig!

Aufgabe:

a) 230 V ~

b) Das Netzteil reduziert die Spannung soweit, dass das elektronische Gerät nicht durch eine Überspannung beschädigt wird.

Experiment:

4. Die Spannung an der Induktionsspule (Ausgangsspannung) hängt von der Windungszahl der Spulen ab.

Spannung U1 an Feldspule	Anzahl Windungen Feldspule	Anzahl Windungen Induktionsspule	Spannung U2 an Induktionsspule
6 V ~	600	1200	**12 V ~**
6 V ~	600	600	**6 V ~**
6 V ~	600	300	**3 V ~**
6 V ~	600	150	**1,5 V ~**
6 V ~	1200	600	**3 V ~**
6 V ~	300	600	**12 V ~**

6 Elektrischer Strom

6.9 Handyakku laden, aber richtig!

Weiterdenken ...

➔ $U_2 = U_1 \cdot \frac{N_2}{N_1}$

Ausgangsspannung = Eingangsspannung multipliziert mit dem Verhältnis der Windungszahl der Induktionsspule zur Feldspule

➔ Die Ausgangsspannung hängt auch von der Eingangsspannung ab.

➔ An die Feldspule wird eine Wechselspannung angelegt. Im Eisenkern entsteht dadurch ein Magnetfeld, das sich ständig ändert. Diese Magnetfeldänderungen erzeugen in der Induktionsspule eine induzierte Spannung zwischen den beiden Anschlüssen der Spule.

6.10 Glühlampe, Energiesparlampe oder LED-Lampe?

Aufgabe:

	Gühlampe	Energiesparlampe	LED-Lampe
Funktionsweise / Bestandteile	Ein elektrischer Leiter (meist Wolfram) wird in Form einer Glühwendel (Glühfaden) durch Stromfluss so stark erhitzt, dass er glüht.	Quecksilbergas emittiert unsichtbares UV-Licht, das von einem Leuchtstoff (z.B. Phosphor) in sichtbares Licht umgewandelt wird.	Fließt durch die Diode Strom in Durchlassrichtung, so strahlt sie Licht mit einer vom Halbleitermaterial und der Dotierung abhängigen Wellenlänge ab.
Lichtausbeute (Lumen pro Watt – lm/W)	10 bis 30 lm/W	50 bis 80 lm/W	60 bis 100 lm/W
Lebensdauer	ca. 1.000 h	ca. 20.000 - 25.000 h	30.000 - 50.000 h
Preis für vergleichbare Lampen (Lumen – lm)	640 lm, 40 W 2,27 Euro (nur noch Restbestände kaufbar!)	660 lm, 12 W 5,50 Euro	600 lm, 7 W 8,99 Euro
Stromverbrauch	hoch, da viel Energie in Form von Wärme abgegeben wird	geringer als bei Glühlampen, jedoch nicht ganz so effizient wie LED-Lampen	gering, da sie sehr effizient Licht erzeugen
Energiespareffekt verglichen mit einer Glühlampe	60 W Glühlampe	15 W Energiesparlampe	8 W LED-Lampe
mögl. Umweltgefahren		Quecksilber	reizendes Gallium-Nitrid oder Gallium-Phosphid

Weiterdenken ...

➔ Individuelle Lösungen der Schülerinnen und Schüler:
ökologische und ökonomische Aspekte wie z.B. Beschaffungskosten, Lebensdauer, Umweltverträglichkeit

➔ Individuelle Lösungen der Schülerinnen und Schüler:
ökologische und ökonomische Aspekte wie z.B. Beschaffungskosten, Lebensdauer, Umweltverträglichkeit

6.11 Kochen mit Magnetismus – der Induktionsherd

Experiment:

2. Das Wasser wird erhitzt, kocht und verdampft dann.

3. Das Lötzinn schmilzt. Durch den in der Schmelzrinne fließenden Storm entsteht eine große Hitze (mind. 180 °C), die das Zinn zum Schmelzen bringt.

Aufgabe:

Durch die stromdurchflossene Spule mit vielen Windungen wird ein starkes Magnetfeld im Eisenkern erzeugt. Dieses Magnetfeld induziert an der Induktionsspule einen hohen Stromfluss. Es fließen also verhältnismäßig viele Elektronen durch die eine Windung der Schmelzrinne. Die Bewegung vieler Elektronen im Leiter (eine Windung) erzeugt eine große Hitze.

6 Elektrischer Strom

6.11 Kochen mit Magnetismus – der Induktionsherd

Weiterdenken ...

➔ Das Kochgeschirr muss über elektromagnetische Leitfähigkeit verfügen. Man erkennt sie am spiralförmigen Logo oder daran, dass Magnete an ihnen haften bleiben. Somit ist es ausgeschlossen, dass man Kochgeschirr aus Glas oder Keramik in Kombination mit einem Induktionsherd verwenden kann. Gusseisen- und Eisen-Kochgeschirr ist jedoch bestens geeignet.

➔ Kennzeichnung der Kochgeschirre: Induktion

➔ **Vorteile**: Die energiesparende Art der Wärmeübertragung – die Wärme wird ohne größere Verluste direkt dem Topf zugeführt. Die geringe Erwärmung der Heizfläche. Die Erwärmung ist deshalb gering, weil sich in der Platte aus Glaskeramik keine Wirbelströme ausbilden. Erwärmt wird sie allerdings durch den Topf.
Nachteile: Man benötigt spezielles Kochgeschirr aus Metall (in denen sich Wirbelströme ausbilden) und der Preis für einen Induktionsherd ist momentan noch höher als bei herkömmlichen Herden.

➔ z.B. Induktionsofen in der Stahlindustrie, Erwärmung metallischer Werkstücke, Induktionsspulen zur Schaltung von Ampeln, Metalldetektoren, Induktionsherde und das Induktionshärten, Fehlerstromschutzschalter oder dynamische Mikrofone

7 Mechanik

7.1 Kinder mit Superkräften oder doch „nur“ Physik?

Experiment:

2. Die 2-fache Anzahl an gleich schweren Wägestücken muss angehängt werden.

3. Die 4-fache Anzahl an gleich schweren Wägestücken muss angehängt werden.

Aufgabe:

a) $F_Z = F_H \cdot \frac{1}{n}$ Die benötigte Zugkraft entspricht der Hubkraft geteilt durch die Anzahl der tragenden Seile.

b) Bei der festen Rolle ist der Zugweg so lang wie der Hubweg. Bei der losen Rolle ist der Zugweg doppelt so lang wie der Hubweg. Beim Flaschenzug ist der Zugweg viermal so lang wie der Hubweg.

Weiterdenken ...

➔ Die Erfindung des zusammengesetzten Flaschenzuges wird Archimedes (ca. 287 v. Chr. – 2 v. Chr.) zugeschrieben.

➔ z.B. in Kränen

➔ $W = F \cdot s$; die verrichtete Arbeit ist das Produkt aus der aufgewendeten Kraft und dem zurückgelegten Weg, in dessen Richtung die Kraft wirkt.

➔ 1000 g = 10 N; 10 cm = 0,1 m; $W_{\text{feste Rolle}} = 10\ N \cdot 0{,}1\ m = 1\ Nm$;
$W_{\text{Flaschenzug}} = 10\ N \cdot \frac{1}{4} \cdot 0{,}4\ m = 1\ Nm$; es wird durch den Flaschenzug keine Arbeit gespart.

7.2 Abheben für Anfänger ...

Experiment 1: **3.** Die Luft entweicht durch die Öffnung des Ballons. Dieser fliegt in die entgegengesetzte Richtung fort.

Experiment 2: **3.** Das Wasser in der Flasche schießt aus der Öffnung. Die Flasche wird so in die entgegengesetzte Richtung gedrückt.

Experiment 3: **5.** Durch das Loch in der Fotodose strömt ein Gas (CO_2) aus und das Boot fährt in entgegengesetzter Richtung.

PHYSIK IM ALLTAG Täglich Naturwissenschaften erfahren – Bestell-Nr. 11 912
KOHL VERLAG Lernen mit Erfolg

7 Mechanik

7.2 Abheben für Anfänger ...

Aufgabe: Die Luft im Luftballon steht unter Druck und drückt durch die Öffnung nach hinten heraus und erzeugt so einen Rückstoß.
Das Wasser in der Flasche steht unter Druck und drückt durch die Öffnung nach unten heraus und erzeugt so einen Rückstoß.
Die Brausetablette löst sich im Wasser auf und setzt dabei CO_2 frei, die durch das Loch in der Fotodose nach außen strömt. So entsteht auch hier ein Rückstoß.
Alle Drei Objekte bewegen sich entgegengesetzt zur Richtung des Rückstoßes fort.

Weiterdenken ...

➔ Schwimmen, Quallen, Triebwerke von Düsenflugzeugen

➔ Das Hovercraft ist durch das Gewicht der CD zu schwer zum Fliegen. Der Rückstoß ist nicht groß genug. Es bildet sich jedoch unter der CD eine Luftschicht aus, auf der die CD gleitet, wenn man sie seitlich anstupst.

7.3 Knack die Nuss!

Experiment: **2.** z.B. im selben Abstand dieselbe Anzahl Gewichtsstücke anhängen oder bei doppeltem Abstand zum Drehpunkt auf der einen Seite, die Anzahl der Gewichte auf der anderen Seite halbieren – bei halbem Abstand verdoppeln ...

Aufgabe:

a) bei gleichem Abstand zum Drehpunkt auf beiden Seiten gleich viele Gewichtsstücke anhängen;
bei doppeltem Abstand auf der einen Seite, auf der anderen Seite die Anzahl der Gewichtsstücke halbieren;
bei halbem Abstand auf der einen Seite, auf der anderen Seite die Anzahl der Gewichtsstücke verdoppeln ...

b) „Hebelgesetz": $F_{Kraft} \cdot a_{Kraft} = F_{Last} \cdot a_{Last}$
Die aufgewendete Kraft mal der Länge des Kraftarms entspricht der resultierenden Kraft an der Last mal der Länge des Lastarms.

Weiterdenken ...

➔ Der Hebel ist beim Bolzenschneider länger als bei der Kneifzange. Außerdem ist das Verhältnis von langem Kraftarm (Griff) zu kurzem Lastarm (Schneide) günstiger, um die Kraft auf die Schneide zu übertragen.

➔ **1.** Bei einem zweiseitigen Hebel befindet sich der Drehpunkt **zwischen** den beiden Hebelarmen.
2. Bei einem einseitigen Hebel befinden sich **die beiden Hebelarme** auf derselben Seite des Drehpunktes.

➔ **einseitige Hebel:** Flaschenöffner, Pinzette, Locher, Schraubenschlüssel, Knoblauchpresse, Tortenheber
zweiseitige Hebel: Wippe, Schere, Zange

zweiseitige Hebel:

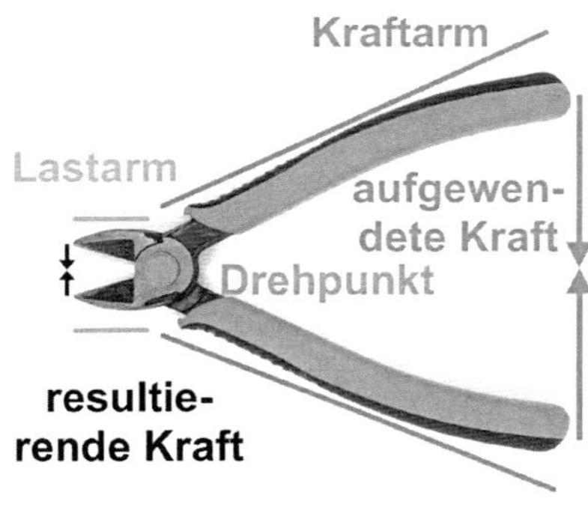

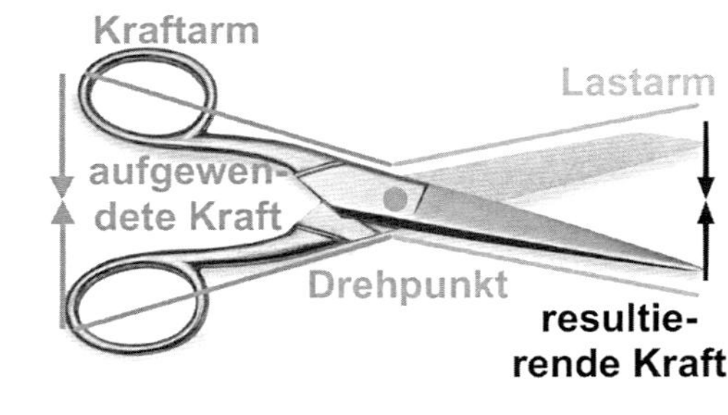

einseitiger Hebel:

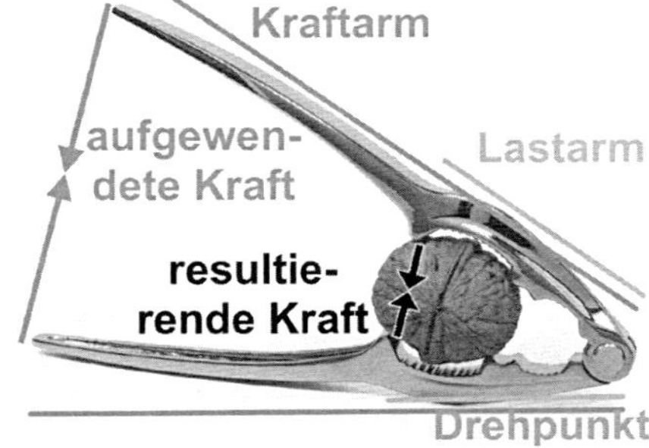

PHYSIK IM ALLTAG
KOHL VERLAG

8 Elektrostatik

8.1 Was haben ein Laserdrucker und abstehende Haare gemeinsam?

Experimente:

1. Die Papierschnipsel bzw. das Konfetti wird vom Stab angezogen und bleibt an ihm hängen.
3. Die Haare „kleben“ am Ballon – bei kurzen Haaren stehen diese vom Kopf ab, nachdem man den Ballon komplett entfernt hat.
Die Glimmlampe leuchtet kurz auf – es ist eine elektrische Ladung vorhanden.

Aufgabe:

a) Die Glimmlampe leuchtet kurz auf und zeigt so an, dass eine elektrische Ladung vorhanden ist. Durch das Reiben wurden elektrische Ladungsträger auf den Ballon übertragen, die dann die Lampe zum Leuchten bringen.
Gleiches gilt für die Folie und den Kunststoffstab.

b) Durch das Reiben wurden Ladungen getrennt. Der Kunststoffstab und die Folie laden sich statisch auf, indem vom Wolltuch oder dem Tierfell Ladungsträger auf die Folie oder den Stab gebracht werden. Durch den Ladungsunterschied zwischen dem Stab und den Papierschnipseln bzw. zwischen der Folie und dem gemahlenen Pfeffer werden die Schnipsel bzw. der Pfeffer angezogen (ungleiche Ladungen ziehen sich an).

Weiterdenken ...

➔ Die Bildtrommel des Laserdruckers wird an ihrer Außenseite elektrostatisch negativ aufgeladen. Diese Ladung wird im zweiten Schritt durch Belichtung mit einem Laser an den Stellen entfernt, an denen später der Toner an der Trommel haften bleiben soll. Beim Weiterdrehen der Bildtrommel wird in der Entwicklereinheit der Toner, der ebenfalls negativ geladen ist, von den neutralisierten Stellen der Bildtrommel, an denen zuvor der Laser auftraf, angezogen. Während des Weiterdrehens wird der Toner von der Bildtrommel auf das zu bedruckende Papier übertragen. Das Papier wird im Anschluss in die Fixiereinheit transportiert, die aus zwei beschichteten Walzen besteht. Wenigstens eine der Walzen wird auf ca. 180 °C aufgeheizt. Wenn das Blatt durch die Walzen läuft, schmilzt der Toner und verklebt mit dem Papier. Zum Schluss werden beim Weiterdrehen Tonerreste von der Bildtrommel mit Hilfe kleiner Bürsten entfernt.

➔ z. B. einen Kamm durch trockene Haare ziehen, an einem trockenen Tag einen Pullover ausziehen, Autoreifen reiben beim Fahren auf dem Straßenbelag – nach dem Aussteigen aus einem Auto springt beim Berühren der Türe ein Funke über, Gummischuhsohlen reiben beim Laufen über Teppichboden, zwei Folien auseinanderziehen (Verpackungsdeckel), Zerschneiden von Nichtleitern (z. B. Kunststoffe), statische Ladung zieht Partikel (z.B. Staub) an.

➔ Elektrostatische Aufladung kann durch Verwendung entsprechender antistatischer Materialien vermieden werden, die sich durch Reibung nicht aufladen.
Entstandene Aufladung kann durch entsprechend leitfähige Materialien in Verbindung mit geeigneten Erdungsmaßnahmen abgeleitet werden.
In ESD- (Elektrostatisch sensiblen) oder EX- (Explosionsgeschützten) Bereichen müssen zu hohe Ausgleichsströme oder sogar Funkenüberschläge vermieden werden.
In Betrieben, die z.B. Bauteile für die Elektrotechnik herstellen, gibt es spezielle Schleusen, in denen die Mitarbeiterinnen und Mitarbeiter geerdet werden, bevor sie an ihren Arbeitsplatz gehen, z.T. gibt es die Auflage, Erdungskabel am Handgelenkt zu tragen, spezielle Fußbodenbeläge wirken antistatisch und z.T. wurden die Arbeitsprozesse maschinisiert, um Aufladung zu verhindern.

Im Alltag: Um Aufladung zu verhindern, sollte man Gegenstände, in denen synthetisches Material verarbeitet wurde – Bodenbeläge, Teppiche , Vorhänge, Bettwäsche, Möbeloberflächen – möglichst meiden. Das bedeutet dann zum Beispiel, auf polyesterhaltige Kleidung oder Schuhe mit Hartgummisohle zu verzichten. Man kann antistatisches Waschmittel oder auch Weichspüler verwenden und sollte bei Bodenbelägen darauf achten, dass sie antistatisch sind.
Um Aufladung zu vermeiden, sollte man zudem immer einen Luftbefeuchter im Raum aufstellen.
Kleidung aus Baumwolle und anderen natürlichen Stoffen ist Synthetikfasern vorzuziehen, da künstliche Textilien sich schneller elektrostatisch aufladen.
Um einen „Schlag“ beim Aussteigen aus dem Auto zu verhindern, sollte man, bevor man die Autotür am Griff öffnet, die Karosserie mit dem Autoschlüssel berühren oder man hängt ein „Erdungskabel“ hinten an die Karosserie des Autos, um die entstehenden Ladungen abzuleiten.
Bei der Arbeit Im Büro helfen Antistatikmatten, die unter den Schreibtischstuhl gelegt werden und die elektrostatische Aufladung vermeiden.

10 Lösungen

9 Thermodynamik

9.1 Wieso ein See so zufriert, wie er zufriert ...

Experiment 1: **3.** Das Eis benötigt mehr Platz im Becher als das ungefrorene Wasser. Das Volumen des Wassers hat sich beim Einfrieren erhöht.

Aufgabe 1:

a) individuelle Lösungen der Schülerinnen und Schüler; die Dichte von Wasser ist bei 20 °C $\rho = 1$ g/cm^3

b) individuelle Lösungen der Schülerinnen und Schüler; die Dichte von reinem, luftfreien Eis bei 0 °C $\rho = 0{,}918$ g/cm^3

Experiment 2: Der Eiswürfel und der Styroporwürfel schwimmen auf dem Wasser, der Kieselstein und der Metallwürfel gehen unter.

Aufgabe 2: Ist die Dichte eines Stoffes geringe, als die von Wasser, schwimmt der Stoff oben auf. Ist die Dichte eines Stoffes größer als die von Wasser, sinkt der Stoff ab.

Weiterdenken ...

➔ Weil sich das Wasser im Getränk beim Gefrieren ausdehnt und die Flasche platzen bzw. zersplittern kann.

➔ Normale Cola enthält viel Zucker (106 g Zucker pro Liter). In Cola light wird Süßstoff zum Süßen verwendet. Dieser ist leichter und man braucht weniger, um die gleiche Süße wie von Zucker herzustellen. Daher ist die Dichte von Cola light insgesamt geringer als die von normaler Cola.
Die Dichte von Cola liegt bei $\rho = 1{,}0389$ g/cm^3 und die von Cola light bei $\rho = 0{,}890$ g/cm^3. Somit ist Cola dichter als Wasser und sinkt ab; Cola light ist weniger dicht als Wasser und schwimmt daher oben auf.

9.2 Doppelt hält besser ... warm!

Experiment: **2.** Der uneingepackte Kühlakku fühlt sich am kältesten an.

Aufgabe:

a) Die Luftschicht in der Luftpolsterfolie isoliert den Kühlakku, sodass man die Kälte kaum oder gar nicht spürt.

b) In jedem einzelnen Haar des Eisbärenfells ist Luft eingeschlossen. So hat der Eisbär nicht nur zwischen den einzelnen Haaren eine Luftschicht, sondern auch in jedem Haar, die ihn so doppelt vor der Kälte schützt.

c) Im Winter sollte man mehrere Schichten Kleidung tragen, sodass Luft als Isolierschicht eingeschlossen werden kann.

Weiterdenken ...

➔ z.B. ziehen wir mehrere Kleidungsschichten bei Kälte an; Isolierkannen halten Getränke warm oder auch kalt; Doppelverglasung bei Fenstern bietet einen besseren Kälteschutz als Einfachverglasung

➔ gute Wärmeleiter sind Metalle (vor allem Kupfer und Gold),
schlechte Wärmeleiter sind Luft, Styropor und Wasser

KOHL VERLAG PHYSIK IM ALLTAG